西安钟楼稳定性评估与分析

田鹏刚　冯　滨　边兆伟　毛冬旭
张清三　刘　炜　员作义　成　浩　著

U0299763

中国建筑工业出版社

图书在版编目（CIP）数据

西安钟楼稳定性评估与分析／田鹏刚等著. -- 北京：
中国建筑工业出版社，2024.8. -- ISBN 978-7-112
-30282-6

Ⅰ. TU-092.941.1

中国国家版本馆 CIP 数据核字第 2024CP9037 号

　　西安钟楼作为我国明清两代建筑艺术的杰出代表，承载着丰富的历史文化信息与卓越的古代建筑建造技艺。不仅是陕西省西安市的城市地标，更是中华民族文化遗产的重要组成部分，其保护与研究工作具有深远的历史意义与文化价值。基于严谨的文物保护原则与科学的工程技术手段，本研究团队启动了西安钟楼稳定性评估与分析项目。该项目旨在通过深入细致的现场勘查、科学全面的研究分析，以及针对砌体病害成因的精准诊断，提出一套既符合文物保护要求又兼顾长久安全使用的处理方案，从而形成了本书。本书内容共 11 章，包括：西安钟楼概述；西安钟楼台基砖强度及砂浆强度测试；西安钟楼台基及承重木构架测绘；西安钟楼台基四侧立面倾斜度测试；西安钟楼台基沉降变形监测；西安钟楼台基、本体动力特性及振动响应测试；西安钟楼本体木构架位形状态检测；西安钟楼本体木构架沉降变形监测；西安钟楼本体木构架水平变形监测；西安钟楼本体承载力、变形性能及振动性能分析；研究结论和建议。

　　本书的读者群体主要有两类：一是相关领域的科研人员和高校文物建筑保护学科和专业的师生。二是文物建筑保护的技术人员。本书以西安钟楼的保护研究为载体，系统全面地介绍了文物建筑的检查、鉴定、振动测试、不同工况下的有限元分析计算，研究方法可以在类似的文物建筑研究中推广应用。

责任编辑：王华月
责任校对：李美娜

西安钟楼稳定性评估与分析

田鹏刚　冯　滨　边兆伟　毛冬旭
张清三　刘　炜　员作义　成　浩　著

*

中国建筑工业出版社出版、发行（北京海淀三里河路9号）
各地新华书店、建筑书店经销
北京建筑工业印刷有限公司制版
建工社（河北）印刷有限公司印刷

*

开本：787毫米×1092毫米　1/16　印张：16　字数：349千字
2024年7月第一版　　2024年7月第一次印刷
定价：**88.00**元
ISBN 978-7-112-30282-6
（43683）

版权所有　翻印必究
如有内容及印装质量问题，请与本社读者服务中心联系
电话：（010）58337283　　QQ：2885381756
（地址：北京海淀三里河路9号中国建筑工业出版社604室　邮政编码：100037）

前　　言

西安钟楼作为我国明清两代建筑艺术的杰出代表，承载着丰富的历史文化信息与卓越的古代建筑建造技艺。不仅是陕西省西安市的城市地标，更是中华民族文化遗产的重要组成部分，其保护与研究工作具有深远的历史意义与文化价值。

首先，历经数百年沧桑变迁，这座古建筑在长期的自然侵蚀、环境变化及历史负荷下，部分砌体结构出现了不同程度的破损与老化现象，严重威胁到钟楼本体的安全稳定及其所蕴含的历史文化价值的传承。

其次，西安钟楼同时位于西安市东西向、南北向中轴线上，钟楼盘道所连接的东、南、西、北四条大街均为繁华地段，地面交通流量较大。

再者，地铁二号线和地铁六号线均绕行钟楼，且距离较近，地铁的运行和施工一定程度上会对钟楼本体结构产生影响。

鉴于此，基于严谨的文物保护原则与科学的工程技术手段，我们启动了西安钟楼稳定性评估与分析项目。该项目旨在通过深入细致的现场勘查、科学全面的研究分析，以及针对砌体病害成因的精准诊断，提出一套既符合文物保护要求又兼顾长久安全使用的处理方案。

该次研究工作不仅是对钟楼砌体结构本身的保护与修复，更是对我国传统古建保护技术的一次重要实践与探索。我们将着重关注砌体材料的耐久性改进、结构稳定性加固，以及修缮工艺的创新与传统技法的延续，确保在有效解决现存问题的同时，最大程度地保留并还原钟楼原有的历史风貌和构造特色。

在此背景下，本研究团队紧密合作，结合国内外先进的文物保护理念和技术方法，力图通过这次具有挑战性的抢险加固修缮工程，为我国文化遗产保护事业树立新的标杆，也为未来类似古建筑的维护与管理提供有价值的理论依据与实践经验。

鉴于作者水平有限，书中难存在错误和不妥之处，敬请同行专家及广大读者批评指正。

编者

2024 年 2 月

目　　录

第1章　西安钟楼概述

1.1　西安钟楼基本概况

西安钟楼位于西安市的中心，东西南北四条大街的交会处，是西安市城中标志性建筑物，被誉为"古城明珠"，钟楼的西北角上陈列着一口明代铁钟，重5t，钟边铸有八卦图案。因每日清晨击钟报时，故称为"钟楼"。西安钟楼现状如图1.1-1所示，地面交通现状如图1.1-2所示。西安钟楼始建于明洪武十七年（1384年），最初位于西大街与广济街十字口，在明神宗万历十年（1582年），钟楼整体向东搬迁了约1000m，即现在所处位置。清乾隆五年（1740年）重修，1953～1958年进行过两次大规模整修。

图1.1-1　西安钟楼现状　　　　　　　图1.1-2　西安钟楼地面交通现状

1.2　西安钟楼的建筑特点

西安钟楼是典型明代的重檐三滴水四角攒尖木结构建筑，攒顶高耸，屋檐微翘，华丽庄严。钟楼的门扇高窗，雕镂精美，表现出明清盛行的装饰艺术风格。由台基、楼身主体和攒尖顶三部分构成。从地面至金顶总高36m，其中台基高8.6m，建筑台基为正方形，边长35.5m，四面正中各有高、宽6m的券形门洞，与四条大街相互贯穿并分别与东、南、西、北四门相接。台基上面有四面空透的圆柱回廊。楼身主体为两层木结构，平面方形，屋顶覆以绿琉璃瓦，西安钟楼的平面及剖面如图 1.2-1 所示。近些年，轨道交通迅猛发展，西安地铁二号线和六号线均从钟楼下部绕穿而过，图 1.2-2 所示为地铁二号线绕穿西安钟楼的示意图。

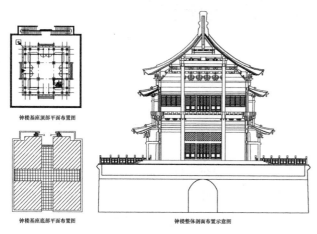

图 1.2-1　西安钟楼平面及剖面图

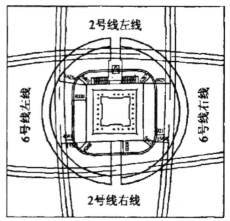

图 1.2-2　地铁二、六号线绕穿西安钟楼示意图

1.3　西安钟楼的结构特点

钟楼楼体为砖木结构，重檐三层，台基为砖表土芯结构。由砖质台阶踏步上到基座大平台而进入一层大厅，面阔 7 间，进深 3 间，大厅四面有门，四周为平台，顶有方格彩画藻井。由第一层大厅内东南角扶梯，可盘旋登上四面有木隔扇门、直通外面回廊的二层大厅。

1.4　项目实施的目的和意义

西安钟楼在长期的使用过程中，由于木材本身具有易干裂和糟朽、虫蛀等特性，再加上长年累月的风吹雨打日晒、地震、战火、周边施工的影响，使得西安钟楼的承重构件物理力学性能发生了一定程度的退化，结构承载能力出现一定程度的降低。

其次，西安钟楼同时位于西安市东西向、南北向中轴线上，钟楼盘道所连接的东、南、西、北四条大街均为繁华地段，地面交通流量较大。

再者，地铁二号线右线距钟楼基座 15.4m，左线距钟楼基座 15.7m；地铁六号线正处于施工中，尚未运行，地铁的运行和施工一定程度上会对钟楼本体结构产生影响。

为监测地铁、地面交通、行人等振动对钟楼台基及本体产生的影响，确保振动影响控制在国家标准范围之内，结构变形始终处于受控状态，对西安钟楼进行全面系统的测试及监测，以便对西安钟楼本体结构的稳定性作出综合评价，并对文物修缮可能存在的问题提出意见和建议。

1.5 西安钟楼受到的影响分析

钟楼受到的影响主要来自于五个方面的影响。

岁月的影响。从西安钟楼建成距今已有 600 多年的历史，岁月的刻痕已深入到建筑的每一个构件上，虽经过多次的维保，也无法消除那种厚重的沧桑感。

自然环境的影响。西安市平原地区属暖温带半湿润大陆性季风气候，冷暖干湿四季分明。冬季寒冷、风小、多雾、少雨雪；春季温暖、干燥、多风、气候多变；夏季炎热多雨，伏旱突出，多雷雨大风；秋季凉爽，气温速降，秋淋明显。这些气候特点都对钟楼具有周期性影响。

交通的影响。钟楼周边地面汽车川流不息，昼夜不停，钟楼下部地铁二号线和六号线在这里交会，振动测试表面，交通振动对钟楼有着较为明显的影响。

游客参观的影响。钟楼作为西安地标性建筑，每年都吸引数以万计的游客来这里参观，特别是旅游旺季，钟楼必须采用限流来保证结构不过多的超载。

自然灾害的影响。极端天气、地震等其他自然灾害时有发生，都对钟楼有着较强的影响。

1.6 国内外研究现状

近些年国内对西安钟楼的研究一直都在进行着。黄思达对西安钟楼的营造做法进行了系统、详细的研究。中煤航测遥感集团有限公司李晓华和张茹对西安钟楼的研究引入了三维激光扫描技术进行建模。西安建筑科技大学胡卫兵教授等基于小波和奇异值理论对西安钟楼模态参数进行识别。为确保地铁二号线的顺利进行，西安地铁公司和铁道第一勘察设计院采用套箍的方法使钟楼基座周围的土体形成一个整体，并通过压浆管和浆液加固体对灌注桩周边到钟楼基座之间的土体进行必要的加固。陕西省建筑科学研究院引入了高精度监测仪器连续多年对西安钟楼的建筑和台基进行健康监测，为西安钟楼的保护提供科学的理论依据。

第2章 西安钟楼台基砖强度及砂浆强度测试

2.1 砌筑砂浆抗压强度测试结果

根据现行行业标准《贯入法检测砌筑砂浆抗压强度技术规程》JGJ/T 136 有关技术规定，现场在台基东西南北四面各随机选取 6 个测区，每个测区测试 16 个点，采用贯入法检测砂浆强度。检测结果参见表 2.1-1。

砌筑砂浆抗压强度检测结果

表 2.1-1

构件位置	测区贯入深度平均值 d_i（mm）	测区砂浆强度推定值 $f_{c2,j}$（MPa）	推定值之一强度平均值 $0.91mf_2^c$（MPa）	推定值之二 $1.18mf_{c2,\ min}$（MPa）	砌体砂浆强度推定值（MPa）
东侧墙测区 1	3.44	10.8			
东侧墙测区 2	3.40	11.1			
东侧墙测区 3	3.17	12.9	11.0	12.0	11.0
东侧墙测区 4	3.53	10.2			
东侧墙测区 5	3.14	13.2			
东侧墙测区 6	3.04	14.1			
西侧墙测区 1	3.60	9.7			
西侧墙测区 2	3.55	10.1			
西侧墙测区 3	3.11	13.4	10.7	11.5	10.7
西侧墙测区 4	3.22	12.5			
西侧墙测区 5	3.25	12.2			
西侧墙测区 6	3.19	12.7			
南侧墙测区 1	3.40	11.1			
南侧墙测区 2	3.26	12.1			
南侧墙测区 3	3.09	13.6	11.2	12.1	12.1
南侧墙测区 4	3.52	10.2			
南侧墙测区 5	3.06	13.9			
南侧墙测区 6	3.16	12.9			

续表

构件位置	测区贯入深度平均值 d_i（mm）	测区砂浆强度推定值 $f_{c2,j}$（MPa）	推定值之一强度平均值 $0.91mf_2^c$（MPa）	推定值之二 $1.18\,mf_{c2,min}$（MPa）	砌体砂浆强度推定值（MPa）
北侧墙测区 1	3.54	10.2			
北侧墙测区 2	2.97	14.9			
北侧墙测区 3	3.21	12.5	11.8	12.0	11.8
北侧墙测区 4	3.08	13.7			
北侧墙测区 5	3.19	12.7			
北侧墙测区 6	3.06	13.9			

根据检测结果，西安钟楼台基东、西、南、北侧墙体砌筑砂浆强度值分别为 11.0MPa、10.7MPa、12.1MPa、11.8MPa，西安钟楼台基砌筑砂浆强度的均值为 11.4MPa。

2.2　砖抗压强度检测结果

为全面准确反映钟楼台基外墙砖现有的实际强度，依据现行国家标准《砌体工程现场检测技术标准》GB/T 50315 的要求进行了非破损的回弹法抽样检测。根据现场检测条件，现场共随机选取 4 个检测单元，每个检测单元随机选取 6 个测区，每个测区布置 5 个测点，用 ZC-4 型砖回弹仪进行回弹测试，获得每个检测单元砖强度，并在此基础上推定西安钟楼台基外墙砖的抗压强度。检测结果见表 2.2-1。

钟楼台基外墙砖抗压强度检测结果　　　　　　　　　　表 2.2-1

测区	抗压强度平均值 $f_{1,m}$（MPa）	标准差 s	变异系数 δ	抗压强度标准值 $f_{1,k}$（MPa）	抗压强度最小值 $f_{1,min}$（MPa）
东侧墙测区 1	13.22	1.15	0.087	11.16	10.77
东侧墙测区 2	13.06	1.44	0.102	10.47	10.77
东侧墙测区 3	12.68	1.34	0.106	10.27	11.17
东侧墙测区 4	12.68	1.04	0.077	10.82	11.17
东侧墙测区 5	12.95	1.39	0.107	10.45	10.77
东侧墙测区 6	13.42	1.82	0.128	10.15	10.19
西侧墙测区 1	13.50	1.20	0.089	11.34	11.57
西侧墙测区 2	13.08	1.83	0.143	9.79	10.00
西侧墙测区 3	12.71	1.19	0.094	10.56	10.19
西侧墙测区 4	12.66	1.01	0.057	10.84	10.19
西侧墙测区 5	13.16	1.68	0.127	10.14	10.97
西侧墙测区 6	12.67	1.13	0.084	10.63	10.38

续表

测区	抗压强度平均值 $f_{1,m}$（MPa）	标准差 s	变异系数 δ	抗压强度标准值 $f_{1,k}$（MPa）	抗压强度最小值 $f_{1,\min}$（MPa）
南侧墙测区 1	12.75	1.20	0.094	10.60	11.77
南侧墙测区 2	13.20	1.11	0.082	11.20	11.57
南侧墙测区 3	13.14	1.13	0.086	11.10	11.17
南侧墙测区 4	13.10	1.44	0.106	10.52	11.17
南侧墙测区 5	12.42	1.21	0.097	10.25	10.58
南侧墙测区 6	12.70	1.39	0.102	10.20	10.19
北侧墙测区 1	12.99	1.15	0.088	10.92	10.97
北侧墙测区 2	12.84	1.22	0.089	10.64	10.97
北侧墙测区 3	12.37	1.54	0.125	9.59	9.44
北侧墙测区 4	12.85	1.75	0.116	9.70	9.44
北侧墙测区 5	12.58	1.02	0.081	10.75	10.58
北侧墙测区 6	13.32	1.65	0.113	10.35	10.58

检测结果表明，西安钟楼台基东、西、南、北侧外墙砖抗压强度推定等级为 MU10。

第3章 西安钟楼台基及承重木构架测绘

3.1 台基测绘

为了解西安钟楼台基各侧面及拱券的结构尺寸，采用三维激光扫描和人工测绘结合的方式进行检测，三维激光扫描结果如图 3.1-1 所示，详细结构尺寸见表 3.1-1。

（a）

（b）

（c）

（d）

图 3.1-1 钟楼台基三维激光扫描
（a）钟楼台基西立面；（b）钟楼台基东立面；
（c）钟楼台基南立面；（d）钟楼台基北立面

（e）　　　　　　　　　　　　　　　　　　　　　　（f）

图 3.1-1　钟楼台基三维激光扫描（续）

（e）钟楼台基拱券（1）；（f）钟楼台基拱券（2）

钟楼台基结构尺寸测绘结果（mm）　　　　　　　表 3.1-1

检测位置	基座高	基座底总宽	券洞高	券面高	券洞宽	叠涩高
南立面	7650	360500	5950	1550	6000	900
西立面	7650	360500	5950	1550	6000	900
北立面	7650	360500	5950	1550	6000	900
东立面	7650	360500	5950	1550	6000	900

3.2　承重木构架测绘

为了解西安钟楼承重木构架的结构尺寸，采用三维激光扫描和人工测绘结合的方式进行检测，三维激光扫描结果如图 3.2-1 所示，详细结构尺寸见第 10.1.1 节中几何模型详细参数。

（a）　　　　　　　　　　　　　　　　　　　　　　（b）

图 3.2-1　钟楼木构架三维激光扫描

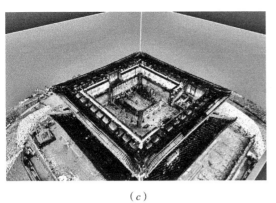

（c）　　　　　　　　　　　　　　　　　　（d）

图 3.2-1　钟楼木构架三维激光扫描（续）

第4章　西安钟楼台基四侧立面倾斜度测试

4.1　测点布置

为了解西安钟楼台基四侧立面倾斜度的发展变化、规律特征及对钟楼台基的影响情况，进行了倾斜度监测。根据钟楼营造特点及周边环境，台基倾斜变形监测采用 ZRQ-MEM 盒式倾角传感器进行无线自动化监测，倾斜监测点分别布置于台基顶部，限于作业条件，在台基南、东及西侧各布置3个倾斜监测点，测点布置（倾斜监测点9个）如图4.1-1所示。

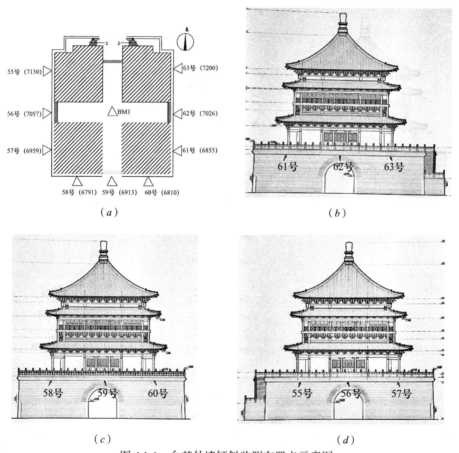

图 4.1-1　台基外墙倾斜监测布置点示意图

（a）台基倾斜监测布置点；（b）台基东立面测点布置；（c）台基南立面测点布置；（d）台基西立面测点布置

4.2　观测仪器

ZRQ-MEN 盒式倾角传感器可以测量水平面上的角度变化，具有高精度、防潮、防水等性能，ZRQ-MEN 盒式倾角传感器如图 4.2-1 所示，墙面上的 ZRQ-MEN 盒式倾角传感器如图 4.2-2 所示。ZRQ-MEN 盒式倾角传感器的主要技术性能指标见表 4.2-1。

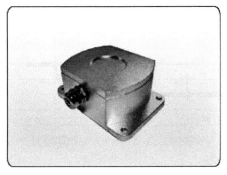
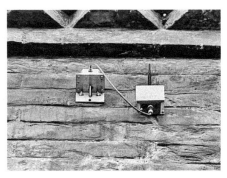

图 4.2-1　ZRQ-MEN 盒式倾角传感器　　　图 4.2-2　墙面上的 ZRQ-MEN 盒式倾角传感器

ZRQ-MEN 盒式倾角传感器主要性能指标　　　　　　　　　　表 4.2-1

仪器名称	ZRQ-MEN 盒式倾角传感器	
量程	±5°	±30°
非线性度	≤ 0.1%F・S	≤ 0.1%F・S
分辨力	0.001°	0.001°
输出信号	RS485	
最大电流	20mA@12VDC	
工作电压	9～24VDC	
工作温度	−20～70℃	
防护等级	IP68	

4.3　台基倾斜变形监测结果

西安钟楼台基倾斜变形监测起止时间为 2022 年 3 月 1 日～2022 年 7 月 1 日，为全过程无间断数据采集，图 4.3-1 给出了西安钟楼台基 9 个倾斜监测点不同监测时间倾斜变化汇总曲线图。

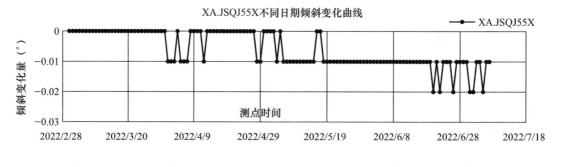

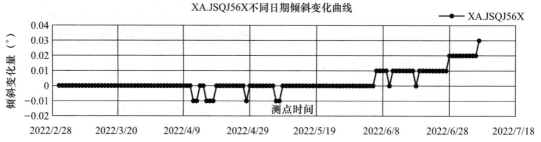

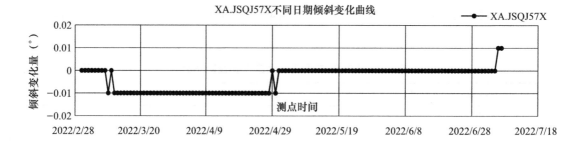

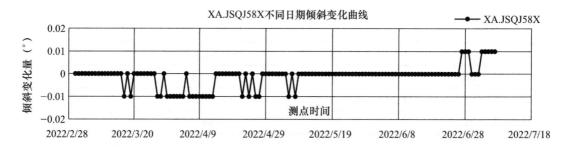

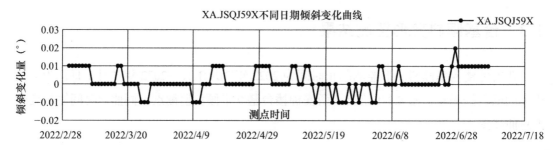

图 4.3-1 台基监测点不同监测时间倾斜变化汇总曲线图

注："＋"值表示外倾，"－"值表示内倾；例如东侧"＋"值表示向东变形，"－"值表示向西变形。

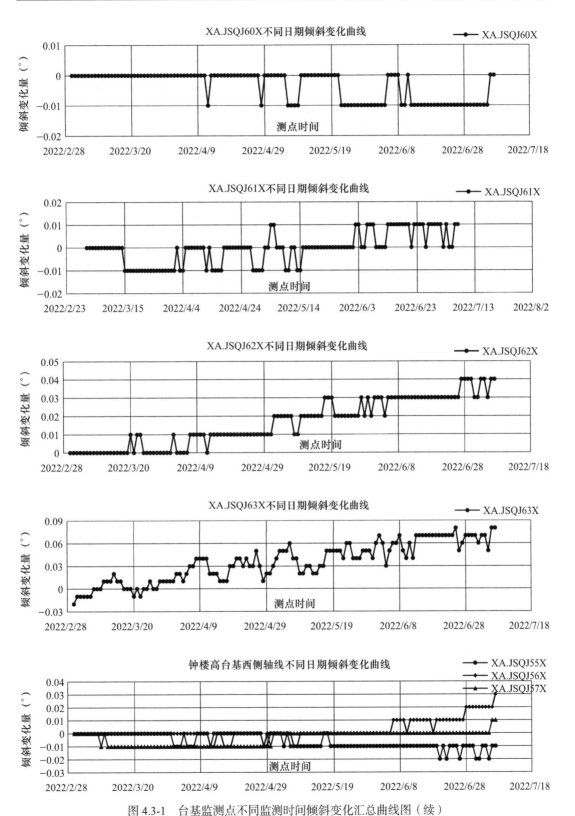

图 4.3-1　台基监测点不同监测时间倾斜变化汇总曲线图（续）

注："＋"值表示外倾，"－"值表示内倾；例如东侧"＋"值表示向东变形，"－"值表示向西变形。

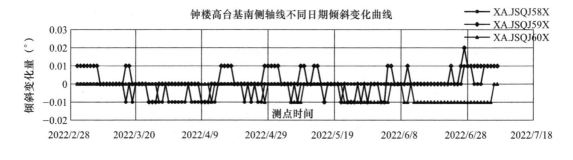

图 4.3-1 台基监测点不同监测时间倾斜变化汇总曲线图（续）

注："+"值表示外倾，"−"值表示内倾；例如东侧"+"值表示向东变形，"−"值表示向西变形。

由图 4.3-1 可以看出，钟楼台基西侧、南侧外倾变形较小，且无明显同向性变化规律，均处于稳定状态，台基东侧 QJ62X、QJ63X 测点在 2022 年 3 月 1 日～2022 年 7 月 1 日监测周期内外倾累计变形量有增加趋势，QJ62X 测点最大累计变形量为 0.04°（5.03mm），折算后平均累计变形速率为 0.04mm/d，QJ63X 测点最大累计变形量为 0.08°（10.05mm），折算后平均累计变形速率为 0.08mm/d，综合倾斜累计变形量较小，需要持续观测。

第 5 章　西安钟楼台基沉降变形监测

5.1　测点布置

按照西安钟楼的构造特点，在台基底部共布置沉降观测点 12 个（CJ1-1～CJ1-12）。根据现行行业标准《建筑变形测量规范》JGJ 8 的具体要求，基准点布置在变形影响范围以外且稳定、易于长期保存、通视良好、无外界干扰的位置。结合本测区实际情况，为便于变形观测作业以及基准点间的相互校核，在西安钟楼盘道路面中间稳定区域共布置 3 个基准点，编号依次为 BM1～BM3。3 个基准点组成闭合环，建立独立高程系统。沉降观测点布置示意图如图 5.1-1 所示。

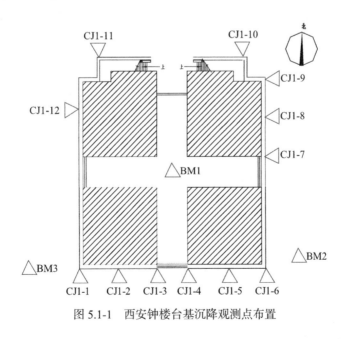

图 5.1-1　西安钟楼台基沉降观测点布置

5.2　沉降观测技术要求

沉降观测按照国家二等水准要求进行监测，固定测站进行闭合线路测量，电子水准仪可自动进行平差处理，得出各测点本次沉降差及累计沉降量。内业计算时，各测点监测值与初始值比较，复核累计变化量，与上次高程比较计算本次变化量。

每次观测前均应对基准点进行联测检校，确定其点位稳定可靠后，才对观测点进行观测。基准点联测及变形观测均应组成闭合水准路线。

5.3 观测仪器

变形观测采用水准测量的方法，所用仪器为水准仪配合精密铟钢水准尺如图 5.3-1 所示，电子水准仪外形如图 5.3-2 所示，其标称精度为：±0.3mm。

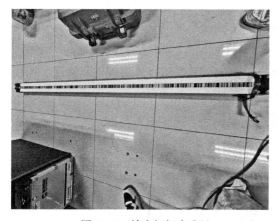

图 5.3-1 精密铟钢水准尺

图 5.3-2 电子水准仪

5.4 台基各测点沉降变形观测成果

西安钟楼本体沉降变形观测起止时间为 2021 年 7 月 26 日～2022 年 4 月 17 日，对西安钟楼台基 12 个观测点共进行了 10 次观测，观测结果见表 5.4-1～表 5.4-6。图 5.4-1 给出了西安钟楼台基 12 个沉降观测点时间—累计沉降变形时程曲线图。

西安钟楼台基沉降观测结果（1）　　　　　　　　　　　　表 5.4-1

次数	观测点号 观测日期	CJ1-1			CJ1-2		
		高程（mm）	沉降量（mm）		高程（mm）	沉降量（mm）	
			本次	累计		本次	累计
1	2021 年 7 月 26 日	340.37	0.00	0.00	566.75	0.00	0.00
2	2021 年 8 月 24 日	340.46	0.09	0.09	566.62	−0.13	−0.13
3	2021 年 9 月 13 日	340.16	−0.30	−0.21	566.61	−0.01	−0.14
4	2021 年 10 月 13 日	340.65	0.49	0.28	566.77	0.16	0.02

续表

次数	观测点号 观测日期	CJ1-1			CJ1-2		
		高程（mm）	沉降量（mm）		高程（mm）	沉降量（mm）	
			本次	累计		本次	累计
5	2021 年 11 月 12 日	340.54	−0.11	0.17	566.42	−0.35	−0.33
6	2022 年 1 月 26 日	341.10	0.56	0.73	566.08	−0.34	−0.67
7	2022 年 2 月 11 日	340.87	−0.23	0.50	565.90	−0.18	−0.85
8	2022 年 3 月 13 日	340.39	−0.48	0.02	566.59	0.69	−0.16
9	2022 年 4 月 2 日	340.44	0.05	0.07	566.24	−0.35	−0.51
10	2022 年 4 月 17 日	340.65	0.21	0.28	565.95	−0.29	−0.80
累计沉降速率（mm/d）		0.00106			−0.00302		

西安钟楼台基沉降观测结果（2）　　　　　表 5.4-2

次数	观测点号 观测日期	CJ1-3			CJ1-4		
		高程（mm）	沉降量（mm）		高程（mm）	沉降量（mm）	
			本次	累计		本次	累计
1	2021 年 7 月 26 日	588.24	0.00	0.00	572.82	0.00	0.00
2	2021 年 8 月 24 日	587.94	−0.30	−0.30	572.82	0.00	0.00
3	2021 年 9 月 13 日	587.92	−0.02	−0.32	572.40	−0.42	−0.42
4	2021 年 10 月 13 日	588.44	0.52	0.20	572.43	0.03	−0.39
5	2021 年 11 月 12 日	588.49	0.05	0.25	572.46	0.03	−0.36
6	2022 年 1 月 26 日	589.00	0.51	0.76	572.67	0.21	−0.15
7	2022 年 2 月 11 日	588.56	−0.44	0.32	572.10	−0.57	−0.72
8	2022 年 3 月 13 日	588.35	−0.21	0.11	572.05	−0.05	−0.77
9	2022 年 4 月 2 日	588.20	−0.15	−0.04	572.87	0.82	0.05
10	2022 年 4 月 17 日	588.59	0.39	0.35	572.20	−0.67	−0.62
累计沉降速率（mm/d）		−0.00132			−0.0234		

西安钟楼台基沉降观测结果（3）　　　　　表 5.4-3

次数	观测点号 观测日期	CJ1-5			CJ1-6		
		高程（mm）	沉降量（mm）		高程（mm）	沉降量（mm）	
			本次	累计		本次	累计
1	2021 年 7 月 26 日	442.86	0.00	0.00	498.48	0.00	0.00
2	2021 年 8 月 24 日	442.78	−0.08	−0.08	498.49	0.01	0.01
3	2021 年 9 月 13 日	442.84	0.06	−0.02	498.55	0.06	0.07
4	2021 年 10 月 13 日	442.84	0.00	−0.02	498.53	−0.02	0.05
5	2021 年 11 月 12 日	442.86	0.02	0.00	498.47	−0.06	−0.01

续表

次数	观测点号 观测日期	CJ1-5			CJ1-6		
		高程（mm）	沉降量（mm）		高程（mm）	沉降量（mm）	
			本次	累计		本次	累计
6	2022 年 1 月 26 日	442.57	−0.29	−0.29	498.57	0.10	0.09
7	2022 年 2 月 11 日	443.24	0.67	0.38	498.54	−0.03	0.06
8	2022 年 3 月 13 日	442.87	−0.37	0.01	498.74	0.20	0.26
9	2022 年 4 月 2 日	443.02	0.15	0.16	498.84	0.10	0.36
10	2022 年 4 月 17 日	442.62	−0.40	−0.24	498.43	−0.41	−0.05
累计沉降速率（mm/d）		−0.00091			−0.00019		

西安钟楼台基沉降观测结果（4）　　　　　　　　　　表 5.4-4

次数	观测点号 观测日期	CJ1-7			CJ1-8		
		高程（mm）	沉降量（mm）		高程（mm）	沉降量（mm）	
			本次	累计		本次	累计
1	2021 年 7 月 26 日	201.76	0.00	0.00	119.06	0.00	0.00
2	2021 年 8 月 24 日	201.71	−0.05	−0.05	119.14	0.08	0.08
3	2021 年 9 月 13 日	201.79	0.08	0.03	119.17	0.03	0.11
4	2021 年 10 月 13 日	201.73	−0.06	−0.03	118.93	−0.24	−0.13
5	2021 年 11 月 12 日	201.74	0.01	−0.02	119.14	0.21	0.08
6	2022 年 1 月 26 日	202.37	0.63	0.61	119.42	0.28	0.36
7	2022 年 2 月 11 日	202.35	−0.02	0.59	119.50	0.08	0.44
8	2022 年 3 月 13 日	201.84	−0.51	0.08	119.07	−0.43	0.01
9	2022 年 4 月 2 日	202.30	0.46	0.54	119.50	0.43	0.44
10	2022 年 4 月 17 日	202.39	0.09	0.63	119.42	−0.08	0.36
累计沉降速率（mm/d）		0.00238			0.00136		

西安钟楼台基沉降观测结果（5）　　　　　　　　　　表 5.4-5

次数	观测点号 观测日期	CJ1-9			CJ1-10		
		高程（mm）	沉降量（mm）		高程（mm）	沉降量（mm）	
			本次	累计		本次	累计
1	2021 年 7 月 26 日	203.52	0.00	0.00	−74.43	0.00	0.00
2	2021 年 8 月 24 日	204.02	0.50	0.50	−73.78	0.65	0.65
3	2021 年 9 月 13 日	203.81	−0.21	0.29	−73.93	−0.15	0.50
4	2021 年 10 月 13 日	203.92	0.11	0.40	−74.20	−0.27	0.23
5	2021 年 11 月 12 日	203.87	−0.05	0.35	−74.46	−0.26	−0.03
6	2022 年 1 月 26 日	203.43	−0.44	−0.09	−73.78	0.68	0.65

续表

次数	观测点号 观测日期	CJ1-9			CJ1-10		
		高程（mm）	沉降量（mm）本次	沉降量（mm）累计	高程（mm）	沉降量（mm）本次	沉降量（mm）累计
7	2022 年 2 月 11 日	204.48	1.05	0.96	−73.80	−0.02	0.63
8	2022 年 3 月 13 日	203.87	−0.61	0.35	−74.40	−0.60	0.03
9	2022 年 4 月 2 日	204.23	0.36	0.71	−74.90	−0.50	−0.47
10	2022 年 4 月 17 日	203.13	−1.10	−0.39	−74.70	0.20	−0.27
累计沉降速率（mm/d）		−0.00147			−0.00102		

西安钟楼台基沉降观测结果（6）　　　　表 5.4-6

次数	观测点号 观测日期	CJ1-11			CJ1-12		
		高程（mm）	沉降量（mm）本次	沉降量（mm）累计	高程（mm）	沉降量（mm）本次	沉降量（mm）累计
1	2021 年 7 月 26 日	−22.21	0.00	0.00	92.96	0.00	0.00
2	2021 年 8 月 24 日	−21.60	0.61	0.61	93.87	0.91	0.91
3	2021 年 9 月 13 日	−21.92	−0.32	0.29	93.58	−0.29	0.62
4	2021 年 10 月 13 日	−22.15	−0.23	0.06	93.38	−0.20	0.42
5	2021 年 11 月 12 日	−22.34	−0.19	−0.13	93.18	−0.20	0.22
6	2022 年 1 月 26 日	−22.55	−0.21	−0.34	—	—	—
7	2022 年 2 月 11 日	−22.13	0.42	0.08	93.56	0.38	0.60
8	2022 年 3 月 13 日	−22.95	−0.82	−0.74	92.95	−0.61	−0.01
9	2022 年 4 月 2 日	−22.04	0.91	0.17	92.62	−0.33	−0.34
10	2022 年 4 月 17 日	−22.12	−0.08	0.09	93.04	0.42	0.08
累计沉降速率（mm/d）		0.00034			0.00030		

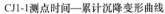

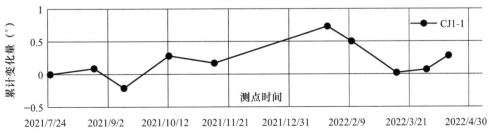

图 5.4-1　西安钟楼台基 12 个沉降观测点时间—累计沉降变形时程曲线图

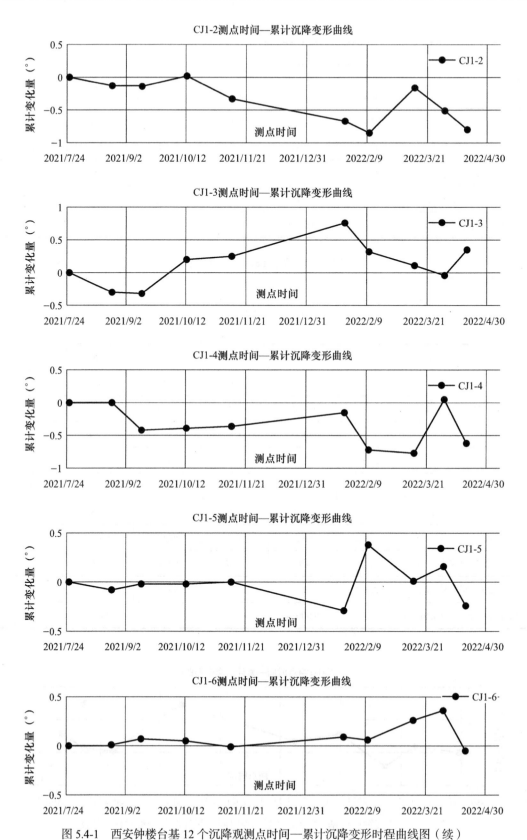

图 5.4-1　西安钟楼台基 12 个沉降观测点时间—累计沉降变形时程曲线图（续）

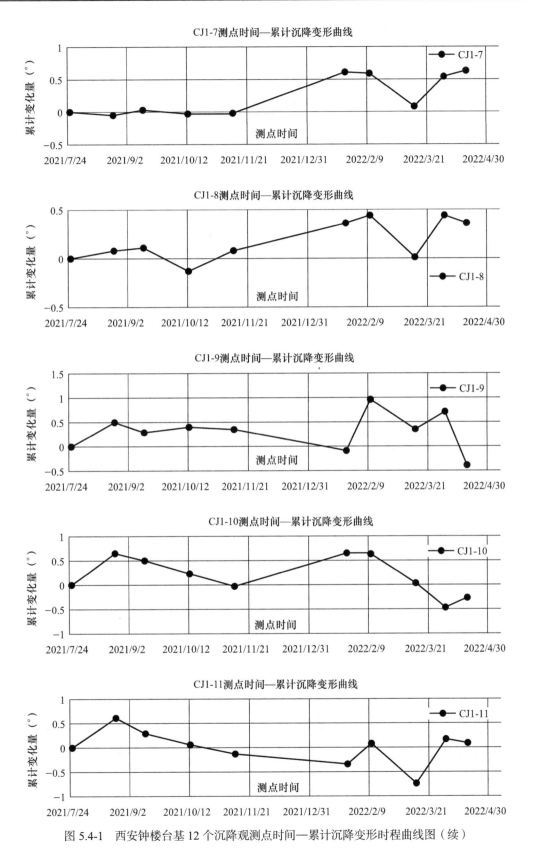

图 5.4-1　西安钟楼台基 12 个沉降观测点时间—累计沉降变形时程曲线图（续）

图 5.4-1　西安钟楼台基 12 个沉降观测点时间—累计沉降变形时程曲线图（续）

5.5　台基不同轴线各测点沉降变形观测成果

为研究西安钟楼台基各轴线观测点的沉降变形规律，选取东、南及北侧三个方向各测点沉降变形观测结果进行分析，西安钟楼台基不同轴线各测点时间—累计沉降变形曲线如图 5.5-1 所示。

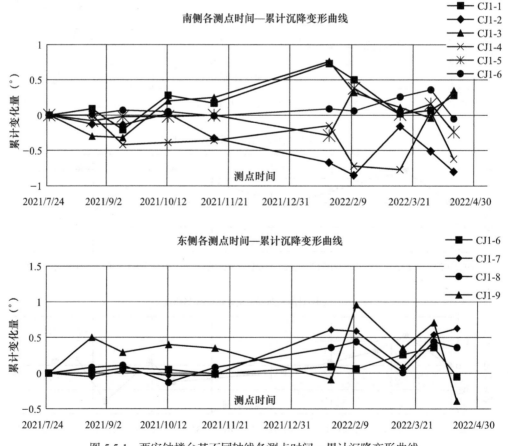

图 5.5-1　西安钟楼台基不同轴线各测点时间—累计沉降变形曲线

图 5.5-1 西安钟楼台基不同轴线各测点时间—累计沉降变形曲线（续）

通过在 2021 年 7 月 26 日～2022 年 4 月 17 日期间，10 次对西安钟楼台基进行沉降观测，由第 5.4 节沉降观测结果及曲线图可得出：受检西安钟楼台基在 265d 内的最大累计沉降量为 0.80mm，该测点位于钟楼台基南侧，沉降速率为 0.00302mm/d；钟楼台基 CJ1-2 和 CJ1-4 观测点的沉降速率分别为 0.00302mm/d 和 0.00234mm/d，略大于其余各测点的沉降速率，测点均位于钟楼台基南侧附近，图 5.5-2 为西安钟楼台基各测点沉降值示意，但钟楼台基各测点沉降速率均远远小于现行行业标准《建筑变形测量规范》JGJ 8 中沉降速率不得高于 0.01～0.04mm/d 的规定；由第 5.5 节不同轴线沉降观测对比曲线结果可得出，南侧台基测点累计沉降量偏大，但各轴线沉降变形情况不完全同步，各轴线沉降变形无明显一致性变形情况发生，说明西安钟楼台基在结构本体及上部自重、行人荷载、地面交通振动、台基包砌土含水率影响等荷载和长期作用下的沉降量处于平稳状态，地基土变形均匀、稳定。

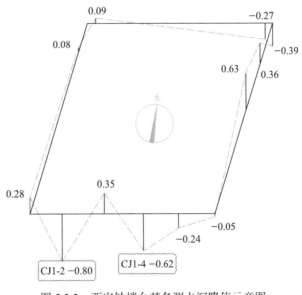

图 5.5-2 西安钟楼台基各测点沉降值示意图

第6章 西安钟楼台基、本体动力特性及振动响应测试

6.1 测试目的及依据

钟楼因建造年代久远，常年对外开放，且地理位置独特，众多车辆及地铁交通导致其地基变形。为了更科学地保护钟楼建筑本体，并为其结构抗震性能评估及振动评估提供依据，对钟楼进行了原位动力测试，重点分析结构的动力特性、人群加交通激励下的动力响应以及交通激励下的动力响应。

6.2 测试设备及方案

6.2.1 测试原理

利用被测结构对随机振动源（由于机械、车辆等人为活动和风、气压等自然原因引起的极微弱地面振动）的反应，按随机振动理论分析其动力特性。

由于地脉动无固定振源，其影响因素众多，且不断变化，因而具有完全的随机性，是典型的随机过程。其统计特征基本与时间无关，是具有各态历经特性的平稳随机过程；而且在足够长时间的一次取样过程中就包含体系样本总体的全部统计特征。

6.2.2 测试设备

采用中国地震局工程力学研究所生产的941B型超低频测振系统及DA1001动态信号采集系统，其中941B型测振系统包括：拾振器（动态信号传感器）、信号放大器。

941B型超低频测振仪是一种用于超低频或低频振动测量的多功能仪器，它主要用于地面和结构物的脉动测量、一般结构物的工业振动测量、高柔结构物的超低频大幅度测量和微弱振动测量。

每套测振仪包括941B型拾振器六台（四台水平向，两台铅垂向）和941型放大器（六

线）一台。941 型拾振器采用无源闭环伺服技术，以获得良好的超低频特性。拾振器设有加速度、小速度、中速度和大速度四挡。放大器具有放大、积分、高陡度滤波和阻抗变换的功能。测试中可选取拾振器上微型拨动开关及放大器上参数选择开关相应的挡位，可提供测点的加速度、速度或位移参量，并可提供不同频带和不同滤波陡度。本仪器具有体积小、重量轻、使用方便、分辨率高、动态范围大及一机多用的特点。本仪器可直接与各种记录器及数据采集系统配接。

1. 941B 型拾振器

941B 型拾振器采用无源闭环伺服技术，以获得良好的超低频特性。拾振器设有加速度、小速度、中速度和大速度四挡。其相应技术指标见表 6.2-1，水平拾振器灵敏度值见表 6.2-2，铅垂拾振器灵敏度值见表 6.2-3。拾振器内部构造如图 6.2-1 所示，图中 Km 为微型拨动开关。

941B 型拾振器主要技术指标　　　　　　表 6.2-1

挡位		1	2	3	4
		加速度	小速度	中速度	大速度
灵敏度 $\left(\dfrac{V \cdot s^2}{m} \text{或 } V \cdot s/m\right)$		0.3	23	2.4	0.8
最大量程	加速度（m/s^2, 0-p）	20	—	—	—
	速度（m/s, 0-p）	—	0.125	0.3	0.6
	位移（mm, 0-p）	—	20	200	500
通频带 $\left(Hz, {}^{+1}_{-3} dB\right)$		0.25～80	1～100	0.25～100	0.17～100
输出负荷电阻（kΩ）		1000	1000	1000	1000
与 941 型放大器配接后的分辨率	加速度（m/s^2）	5×10^{-6}	—	—	—
	速度（m/s）	—	4×10^{-8}	4×10^{-7}	1.6×10^{-6}
	位移（m）	—	4×10^{-8}	4×10^{-7}	1.6×10^{-6}
尺寸、重量		63mm×63mm×80mm、1kg			

注：0-p 表示在单振幅情况下。

941B 型水平拾振器灵敏度值　　　　　　表 6.2-2

	编号	H12087	H12088	H12089	H12090	H12091	H12092
1	加速度灵敏度 S_a（$V \cdot s^2/m$）	0.3371	0.3362	0.3360	0.3478	0.3380	0.3376
2	小速度灵敏度 S_{V1}（$V \cdot s/m$）	24.41	24.61	24.47	24.58	24.04	24.79
3	中速度灵敏度 S_{V2}（$V \cdot s/m$）	2.534	2.545	2.488	2.607	2.524	2.525
4	大速度灵敏度 S_{V3}（$V \cdot s/m$）	0.792	0.762	0.762	0.777	0.760	0.769

941B 型铅垂拾振器灵敏度值　　　　　　表 6. 2-3

编号		H12093	V12231	V12232	V12233
1	加速度灵敏度 S_a（V·s²/m）	0.3397	0.3372	0.3414	0.3400
2	小速度灵敏度 S_{V1}（V·s/m）	24.43	24.67	24.31	24.85
3	中速度灵敏度 S_{V2}（V·s/m）	2.554	2.494	2.526	2.566
4	大速度灵敏度 S_{V3}（V·s/m）	0.766	0.765	0.777	0.780

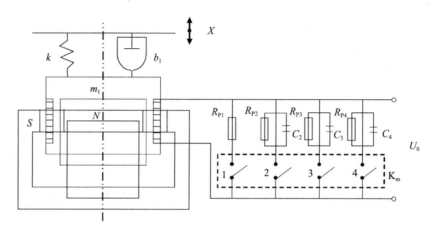

图 6.2-1　拾振器内部构造

当微型拨动开关的开关 1 接通 ON 时，动圈式往复摆的运动微分方程为：

$$m_1 \ddot{x} + b_1 \dot{x} + kx = -m_1 \ddot{X} \qquad (6.2\text{-}1)$$

式中　m_1——摆的运动部分质量；

$\ddot{x}$、$\dot{x}$、x——摆的加速度、速度和位移；

　　b_1——阻尼系数；

　　k——簧片的刚度；

　　$\ddot{X}$——地面运动的加速度。

此时，电阻 R_{P1} 的阻值较小，故阻尼常数 $D \geqslant 1$，拾振器的运动部分构成速度摆，即摆的位移与地面运动的速度成正比，拾振器构成加速度计，它的输出电压与地面运动的加速度成正比，其加速度灵敏度公式为：

$$S_a = m_1 R_{P1}/BL \qquad (6.2\text{-}2)$$

式中　BL——机电耦合系数。

当微型拨动开关 2 或开关 3 或开关 4 接通时，摆的运动微分方程为：

$$(m_1 + M_1) \ddot{x} + b\dot{x} + kx = -m_1 \ddot{X} \qquad (6.2\text{-}3)$$

式中　M_1——并联电容后的当量质量。

此时，由于线圈回路的电阻较大，因此，D_1（阻尼常数）＜1，当 $M_1 \gg m_1$ 时，拾振器的速度灵敏度公式为：

$$S_v = m_1/BLC \qquad (6.2\text{-}4)$$

式中　C——电容器的电容量。

拾振器的测量方向分为铅垂向和水平向。可从拾振器方座上 V、H 符号辨别，H 代表水平向，V 代表铅垂向，水平向和铅锤向拾振器测振时应按图 6.2-2 所示位置放置。

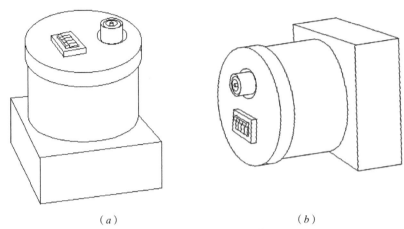

(a)　　　　　　　　　　　　　(b)

图 6.2-2　拾振器测量方向图

(a) 铅垂向；(b) 水平向

2. 941B 型信号放大器

941 型放大器主要技术指标如下：

放大倍数 K：参数选择开关置于 1 时，$K = 10\sim5000$；

　　　　　　　参数选择开关置于 2 时，$K = 1\sim500$；

　　　　　　　参数选择开关置于 3 时，$K = 5\sim2000$，$K_{I1} = 20$；

　　　　　　　参数选择开关置于 4 时，$K = 1\sim500$，$K_{I2} = 4$。

其中 K_{I1} 及 K_{I2} 为积分增益。放大器各挡位的放大倍数见表 6.2-4，各挡开关的通频带和滤波陡度见表 6.2-5。

放大器各挡位的放大倍数　　　　　　　　表 6.2-4

	放大器开关位置	1	2	3	4	5	6	7	8	9	10
1	直通	10	20	50	100	200	500	1000	2000	4000	5000
2	直通	1	2	5	10	20	50	100	200	400	500
3	积分（$K_{I1} = 20$）	5	10	25	50	100	250	500	1000	2000	2500
4	积分（$K_{I2} = 4$）	1	2	5	10	20	50	100	200	400	500

输入阻抗（$K\Omega$）：$\geqslant 1000$；

输出负荷（$K\Omega$）：$\geqslant 1$；

输入噪声（μV）：直流供电时 $\leqslant 1$；交流供电时 $\leqslant 10$。

通频带和滤波陡度   表 6.2-5

通频带选择开关挡位	通频带（Hz）	低通滤波陡度
1	0.25～25	−40dB/oct
2	0.025～35	−40dB/oct
3	0.25～200	−12dB/oct

电源：±5～±12VDC 或 220VAC；

耗电：90mA（±12VDC）；

尺寸：380mm×240mm×110mm；

重量：5kg；

使用环境温度：−10～＋50℃；

使用环境湿度：≤80%。

3. 整套测振仪的灵敏度

（1）测量加速度

当拾振器上的微型拨动开关 1 置于 ON，放大器的参数选择开关置于挡 1 或者挡 2 时，仪器输出为加速度参量，此时，测振仪整机加速度灵敏度计算公式为：

$$S_A = S_a \cdot K \tag{6.2-5}$$

式中　K——放大器的放大倍数。

（2）测量速度

当拾振器上的微型拨动开关 2 或 3 或 4 置于 ON，放大器的参数选择开关置于挡 1 或挡 2 时，仪器输出为速度参量，此时，测振仪整机的速度灵敏度计算公式为：

$$S_{\dot{X}} = S_v \cdot K \tag{6.2-6}$$

6.3　测试方案

按结构动力测试要求，在施工作业停止且周围 100m 范围内无其他振源时进行，测试期间禁止人为扰动。

因钟楼为木结构，且结构平面较为规则，故将传感器布置于各楼层西北侧柱底边缘，靠近柱底可避免木楼板振动的影响。传感器布置方案为：

（1）考虑不同方向地铁荷载时，台基测点布置如图 6.3-1 所示，编号 1、4、7 为东西向测点，编号 2、5、8 为南北向测点，编号 3、6、9 为竖向测点，其中 1、2、3 点位于台基底部南侧隔离带，4、5、6 测点位于台基底部中间，7、8、9 测点位于台基顶部中间。

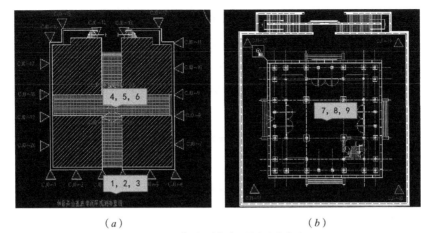

（a）　　　　　　　　　　　　　（b）

图 6.3-1　台基测点布置图（↑北）

（a）台基底面测点位；（b）台基顶面测点位

（2）钟楼二层木结构测点布置如图 6.3-2 所示，编号 1、2、3 为二层上三横梁水平方向测点，编号 6、8、9 为二层上一横梁水平方向测点，编号 5、10、11 为二层地面柱水平方向测点，编号 4、7 为二层上三横梁竖向测点，编号 12 为二层地面柱竖向测点。

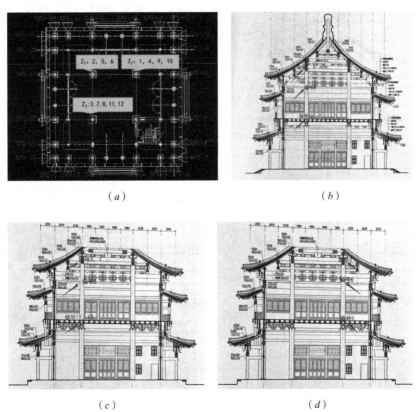

（a）　　　　　　　　　　　　　（b）

（c）　　　　　　　　　　　　　（d）

图 6.3-2　二层木结构测点布置图（↑北）

（a）二层木构架测点平面布置示意（↑北）；（b）二层木构架测点剖面布置示意 1；
（c）二层木构架测点剖面布置示意 2；（d）二层木构架测点剖面布置示意 3

（3）振动测试现场布置场景如图 6.3-3 所示，测试工况及采集方案如下：

1）南北、东西、竖直方向动力特性测试：采集速度，传感器挡 2（小速度），外放倍数 10，采样频率 128Hz，采集 1 次，共计 30min。

2）在地铁、交通荷载激励下，钟楼木结构水平东西向、竖直方向动力特性测试：采集速度。

3）在地铁、交通、人群荷载激励下，钟楼木结构水平东西向、竖直方向动力特性测试：采集速度。

4）在地铁、交通、人群荷载激励下，钟楼台基水平南北、东西、竖直方向动力特性测试：采集速度。

5）在地铁单北进站荷载激励下，钟楼台基水平南北、东西、竖直方向动力特性测试：采集速度。

6）在地铁单北离站荷载激励下，钟楼台基水平南北、东西、竖直方向动力特性测试：采集速度。

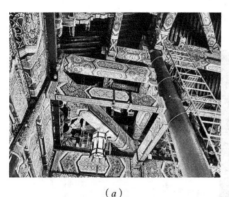
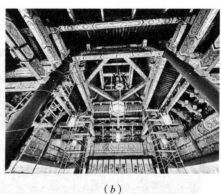

（*a*）　　　　　　　　　　　　　　　　（*b*）

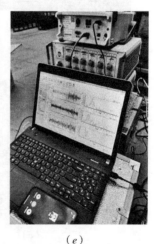

（*c*）　　　　　　　　　（*d*）　　　　　　　　　（*e*）

图 6.3-3　振动测试现场布置测量场景

（*a*）二层北侧木构架测点布置；（*b*）二层中间木构架测点布置；
（*c*）一层通道；（*d*）设备调试；（*e*）设备运行

7）在地铁单南进站荷载激励下，钟楼台基水平南北、东西、竖直方向动力特性测试：采集速度。

8）在地铁单南离站荷载激励下，钟楼台基水平南北、东西、竖直方向动力特性测试：采集速度。

9）在地铁双进站荷载激励下，钟楼台基水平南北、东西、竖直方向动力特性测试：采集速度。

10）在地铁双离站荷载激励下，钟楼台基水平南北、东西、竖直方向动力特性测试：采集速度。

6.4　测试结果与处理

6.4.1　动力特性测试（无地铁、无人、仅少量交通）

对东西、南北及竖直方向动力特性测试信号进行低通滤波（上限：20Hz）处理后，并对振动记录信号进行指数窗自谱分析，对各测点自谱峰值所对应的频率取平均值，得到东西方向与南北方向的前 2 阶自振频率。

1. 频率分析

木结构 - 水平北：

（1）Z1 柱（西北角金柱）频谱分析

测点编号 6，测点位置在南北向上一横梁，测量结果，时谱曲线如图 6.4-1 所示，频谱曲线如图 6.4-2 所示。

测点编号 5，测点位置在二层地面，南北向，测量结果，时谱曲线如图 6.4-3 所示，频谱曲线如图 6.4-4 所示。

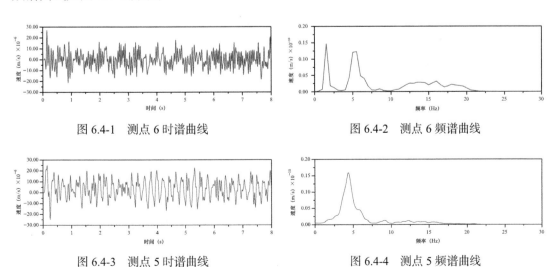

图 6.4-1　测点 6 时谱曲线　　　　　图 6.4-2　测点 6 频谱曲线

图 6.4-3　测点 5 时谱曲线　　　　　图 6.4-4　测点 5 频谱曲线

（2）Z2 柱（东北角金柱）频谱分析

测点编号 1，测点位置在上三横梁，南北向，测量结果，时谱曲线如图 6.4-5 所示，频谱曲线如图 6.4-6 所示。

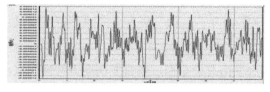

图 6.4-5　测点 1 时谱曲线

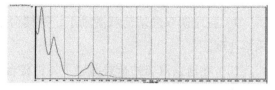

图 6.4-6　测点 1 频谱曲线

测点编号 9，测点位置在上一横梁，南北向，测量结果，时谱曲线如图 6.4-7 所示，频谱曲线如图 6.4-8 所示。

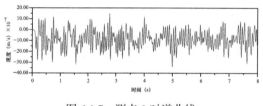

图 6.4-7　测点 9 时谱曲线

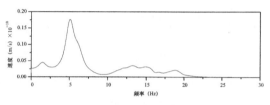

图 6.4-8　测点 9 频谱曲线

测点编号 10，测点位置在二层地面，南北向，测量结果，时谱曲线如图 6.4-9 所示，频谱曲线如图 6.4-10 所示。

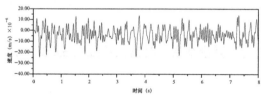

图 6.4-9　测点 10 时谱曲线

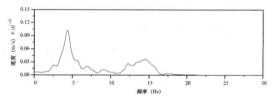

图 6.4-10　测点 10 频谱曲线

测点编号 4，测点位置在上三横梁，竖直向，测量结果，时谱曲线如图 6.4-11 所示，频谱曲线如图 6.4-12 所示。

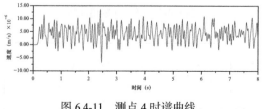

图 6.4-11　测点 4 时谱曲线

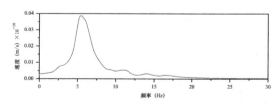

图 6.4-12　测点 4 频谱曲线

（3）Z3 柱（西南角金柱）频谱分析

测点编号 3，测点位置在上三横梁，南北向，测量结果，时谱曲线如图 6.4-13 所示，频谱曲线如图 6.4-14 所示。

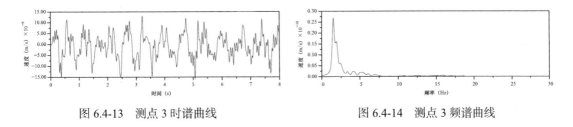

图 6.4-13　测点 3 时谱曲线　　　　　　图 6.4-14　测点 3 频谱曲线

测点编号 8，测点位置在上一横梁，南北向，测量结果，时谱曲线如图 6.4-15 所示，频谱曲线如图 6.4-16 所示。

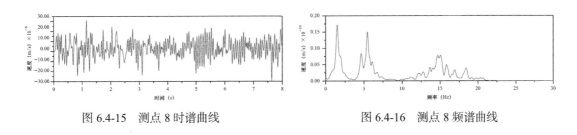

图 6.4-15　测点 8 时谱曲线　　　　　　图 6.4-16　测点 8 频谱曲线

测点编号 11，测点位置在二层地面，南北向，测量结果，时谱曲线如图 6.4-17 所示，频谱曲线如图 6.4-18 所示。

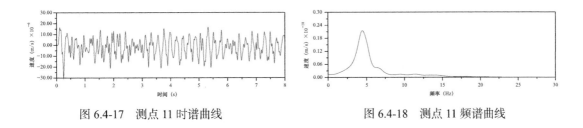

图 6.4-17　测点 11 时谱曲线　　　　　　图 6.4-18　测点 11 频谱曲线

测点编号 7，测点位置在上三横梁，竖直向，测量结果，时谱曲线如图 6.4-19 所示，频谱曲线如图 6.4-20 所示。

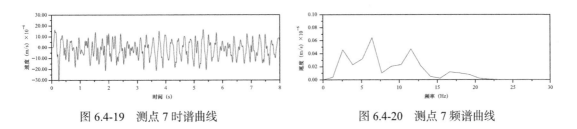

图 6.4-19　测点 7 时谱曲线　　　　　　图 6.4-20　测点 7 频谱曲线

各点的振动峰值对应的频率值可以反映各点的共振频率。二层地面各测点南北方向振动峰值对应频率值见表 6.4-1，上一横梁各测点南北方向振动峰值对应频率值见表 6.4-2，上三横梁各测点南北方向振动峰值对应频率值见表 6.4-3，结构南北方向振动峰值对应频率值见表 6.4-4。

二层地面各测点南北方向振动峰值对应频率值（Hz） 表 6.4-1

测点号	5（西北角金柱）	10（东北角金柱）	11（西南角金柱）	均值
第 1 阶频率	1.07	2.43	1.54	1.68
第 2 阶频率	5	4.44	4.39	4.61

上一横梁各测点南北方向振动峰值对应频率值（Hz） 表 6.4-2

测点号	6（西北角金柱）	8（西南角金柱）	9（东北角金柱）	均值
第 1 阶频率	2.15	1.52	1.43	1.7
第 2 阶频率	4.82	5.54	5.08	5.15

上三横梁各测点南北方向振动峰值对应频率值（Hz） 表 6.4-3

测点号	1（东北角金柱）	2（西北角金柱）	3（西南角金柱）	均值
第 1 阶频率	1.57	—	1.61	1.59
第 2 阶频率	4.99	—	4.41	4.7

结构南北方向振动峰值对应频率值（Hz） 表 6.4-4

位置	二层地面	上一横梁	上三横梁	均值
第 1 阶频率	1.68	1.7	1.59	1.66
第 2 阶频率	4.61	5.15	4.7	4.82

木结构-水平西：

（1）Z1 柱（西北角金柱）频谱分析

测点编号 2，测点位置在上三横梁，东西向，测量结果，时谱曲线如图 6.4-21 所示，频谱曲线如图 6.4-22 所示。

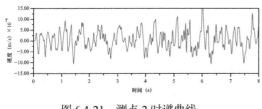

图 6.4-21 测点 2 时谱曲线

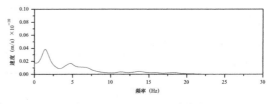

图 6.4-22 测点 2 频谱曲线

测点编号 6，测点位置在上一横梁，东西向，测量结果，时谱曲线如图 6.4-23 所示，频谱曲线如图 6.4-24 所示。

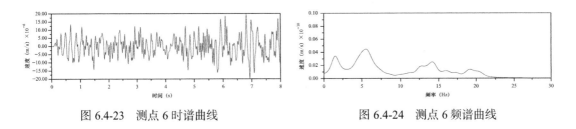

图 6.4-23 测点 6 时谱曲线   图 6.4-24 测点 6 频谱曲线

测点编号 5，测点位置在二层地面，东西向，测量结果，时谱曲线如图 6.4-25 所示，频谱曲线如图 6.4-26 所示。

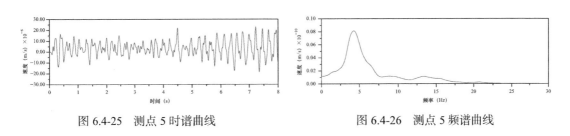

图 6.4-25 测点 5 时谱曲线   图 6.4-26 测点 5 频谱曲线

（2）Z2 柱（东北角金柱）频谱分析

测点编号 1，测点位置在上三横梁，东西向，测量结果，时谱曲线如图 6.4-27 所示，频谱曲线如图 6.4-28 所示。

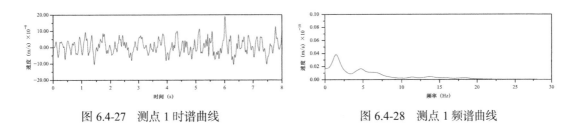

图 6.4-27 测点 1 时谱曲线   图 6.4-28 测点 1 频谱曲线

测点编号 9，测点位置在上一横梁，东西向，测量结果，时谱曲线如图 6.4-29 所示，频谱曲线如图 6.4-30 所示。

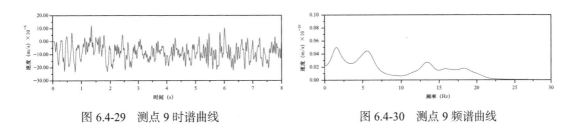

图 6.4-29 测点 9 时谱曲线   图 6.4-30 测点 9 频谱曲线

测点编号 10，测点位置在二层地面，东西向，测量结果，时谱曲线如图 6.4-31 所示，频谱曲线如图 6.4-32 所示。

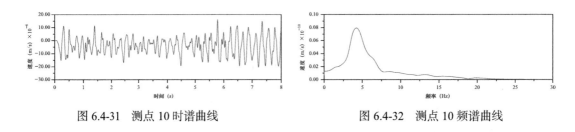

图 6.4-31　测点 10 时谱曲线　　　　　　图 6.4-32　测点 10 频谱曲线

测点编号 4，测点位置在上三横梁，竖直向，测量结果，时谱曲线如图 6.4-33 所示，频谱曲线如图 6.4-34 所示。

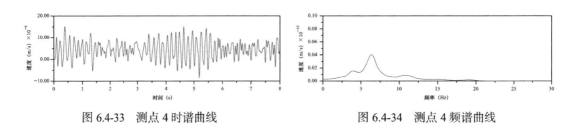

图 6.4-33　测点 4 时谱曲线　　　　　　图 6.4-34　测点 4 频谱曲线

（3）Z3 柱（西南角金柱）频谱分析

测点编号 3，测点位置在上三横梁，东西向，测量结果，时谱曲线如图 6.4-35 所示，频谱曲线如图 6.4-36 所示。

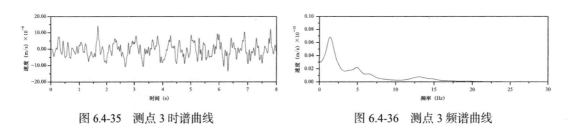

图 6.4-35　测点 3 时谱曲线　　　　　　图 6.4-36　测点 3 频谱曲线

测点编号 8，测点位置在上一横梁，东西向，测量结果，时谱曲线如图 6.4-37 所示，频谱曲线如图 6.4-38 所示。

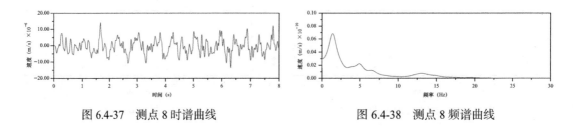

图 6.4-37　测点 8 时谱曲线　　　　　　图 6.4-38　测点 8 频谱曲线

测点编号 11，测点位置在二层地面，东西向，测量结果，时谱曲线如图 6.4-39 所示，频谱曲线如图 6.4-40 所示。

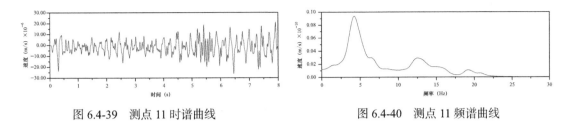

图 6.4-39　测点 11 时谱曲线　　　　　　　图 6.4-40　测点 11 频谱曲线

测点编号 7，测点位置在上三横梁，竖直向，测量结果，时谱曲线如图 6.4-41 所示，频谱曲线如图 6.4-42 所示。

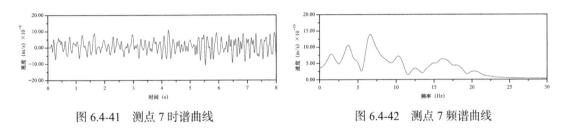

图 6.4-41　测点 7 时谱曲线　　　　　　　图 6.4-42　测点 7 频谱曲线

测点编号 12，测点位置在二层地面，竖直向，测量结果，时谱曲线如图 6.4-43 所示，频谱曲线如图 6.4-44 所示。

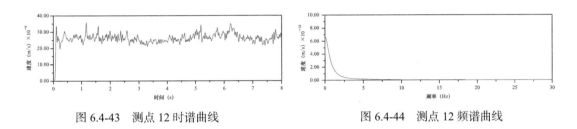

图 6.4-43　测点 12 时谱曲线　　　　　　　图 6.4-44　测点 12 频谱曲线

各点的振动峰值对应的频率值可以反映各点的共振频率。二层地面各测点东西方向振动峰值对应频率值见表 6.4-5，上一横梁各测点东西方向振动峰值对应频率值见表 6.4-6，上三横梁各测点东西方向振动峰值对应频率值见表 6.4-7，结构东西方向振动峰值对应频率值见表 6.4-8。

二层地面各测点东西方向振动峰值对应频率值（Hz）　　　　表 6.4-5

测点号	5（西北角金柱）	10（东北角金柱）	11（西南角金柱）	均值
第 1 阶频率	1.44	1.4	1.45	1.43
第 2 阶频率	4.35	4.46	4.24	4.35

上一横梁各测点东西方向振动峰值对应频率值（Hz） 表 6.4-6

测点号	6（西北角金柱）	8（西南角金柱）	9（东北角金柱）	均值
第 1 阶频率	1.44	1.42	1.74	1.53
第 2 阶频率	5.54	5.05	4.89	5.16

上三横梁各测点东西方向振动峰值对应频率值（Hz） 表 6.4-7

测点号	1（东北角金柱）	2（西北角金柱）	3（西南角金柱）	均值
第 1 阶频率	1.57	1.44	1.39	1.47
第 2 阶频率	4.8	4.39	4.96	4.72

结构东西方向振动峰值对应频率值（Hz） 表 6.4-8

位置	二层地面	上一横梁	上三横梁	均值
第 1 阶频率	1.43	1.53	1.47	1.48
第 2 阶频率	4.35	5.16	4.72	4.74

由表 6.4-1～表 6.4-8 可知：

钟楼木结构沿东西方向的前 2 阶自振频率分别为：$f_1 = 1.48$Hz，$f_2 = 4.74$Hz，对应的自振周期为：$T_1 = 0.676$s，$T_2 = 0.21$s。

钟楼木结构沿南北方向的前 2 阶自振频率分别为：$f_1 = 1.66$Hz，$f_2 = 4.82$Hz，对应的自振周期为：$T_1 = 0.602$s，$T_2 = 0.21$s。

2. 振型分析

阵型分析选取了柱 2 和柱 3 两个柱子，每个柱子都分别测试了水平南北向和水平东西向的互功率谱。柱 2 测点位置：测点 1（二层地面）、测点 10（上 3 横梁）；柱 3 测点位置：测点 3（二层地面）、测点 11（上 3 横梁）。柱 2 上测点 1-1 南北向自谱曲线如图 6.4-45 所示，测点 1-10 的南北向互谱曲线如图 6.4-46 所示，南北向柱 2 互谱分析见表 6.4-9，柱 2 南北向振型图如图 6.4-47 所示。柱 3 测点 3-3 南北向自谱曲线如图 6.4-48 所示，测点 3-11 南北向互谱曲线如图 6.4-49 所示，柱 3 南北向互谱分析见表 6.4-10，柱 3 南北向阵型图如图 6.4-50 所示。柱 2 测点 1-1 东西向自谱曲线如图 6.4-51 所示，柱 2 测点 1-10 东西向互谱曲线如图 6.4-52 所示，柱 2 东西向互谱分析见表 6.4-11，柱 2 东西向振型图如图 6.4-53 所示。柱 3 上测点 3-3 东西向自谱曲线如图 6.4-54 所示，柱 3 测点 3-11 的东西向互谱曲线如图 6.4-55 所示，柱 3 东西向互谱分析见表 6.4-12，柱 3 东西向振型图如图 6.4-56 所示。

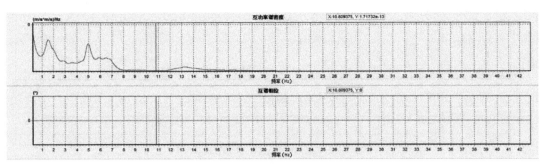

图 6.4-45　柱 2 测点 1-1 南北向自谱曲线（位置在二层地面）

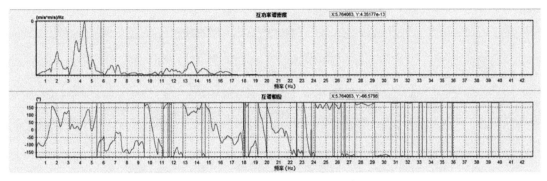

图 6.4-46　柱 2 测点 1-10 南北线互谱曲线（位置在上三横梁）

南北向柱 2 互谱分析表　　　　　　　　　　表 6.4-9

测点号	1-1 自谱	1-10 互谱
频率（Hz）	2	4.715
一阶振型对应互功率谱密度（W/Hz）	8.063×10^{-12}	3.92×10^{-12}
二阶振型对应互功率谱密度（W/Hz）	7.06×10^{-12}	8.97×10^{-12}

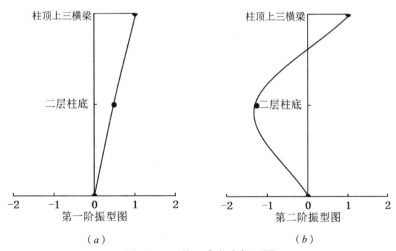

图 6.4-47　柱 2 南北向振型图

（*a*）柱 2 南北向一阶振型图；（*b*）柱 2 南北向二阶振型图

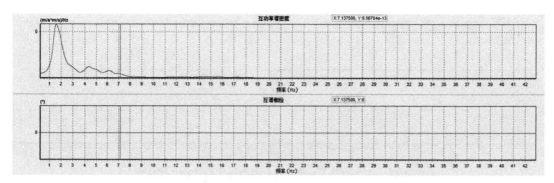

图 6.4-48　柱 3 测点 3-3 南北向自谱曲线（位置在二层地面）

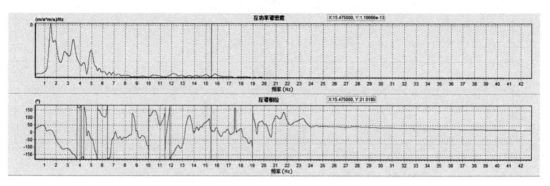

图 6.4-49　测点 3-11 南北向互谱曲线（位置在上三横梁）

柱 3 南北向互谱分析表　　　　　　　　　　　　　表 6.4-10

测点号	3-3 自谱	3-11 互谱
频率（Hz）	1.575	4.4
一阶振型对应互功率谱密度（W/Hz）	11.61×10^{-12}	2.46×10^{-12}
二阶振型对应互功率谱密度（W/Hz）	7.13×10^{-12}	1.93×10^{-12}

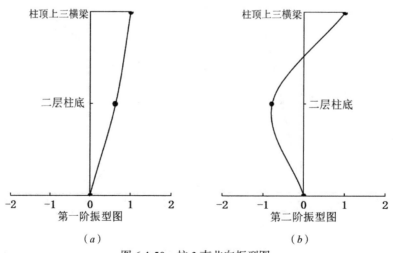

（a）　　　　　　　　　　　　　　（b）

图 6.4-50　柱 3 南北向振型图

（a）柱 3 南北向一阶振型图；（b）柱 3 南北向二阶振型图

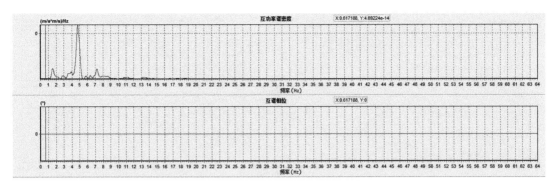

图 6.4-51　柱 2 测点 1-1 东西向自谱曲线（位置在二层地面）

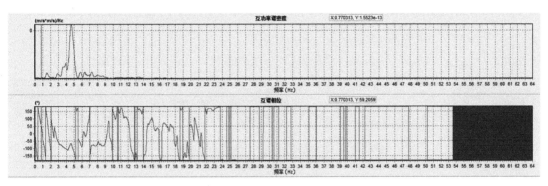

图 6.4-52　柱 2 测点 1-10 东西向互谱曲线（位置在上三横梁）

柱 2 东西向互谱分析表　　　　　　　　　　　　表 6.4-11

测点号	1-1 自谱	1-10 互谱
频率（Hz）	1.52	4.71
一阶振型对应互功率谱密度（W/Hz）	$1.84×10^{-12}$	$1.38×10^{-12}$
二阶振型对应互功率谱密度（W/Hz）	$9.44×10^{-12}$	$1.34×10^{-11}$

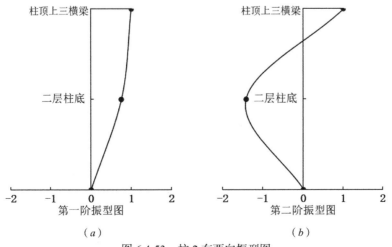

图 6.4-53　柱 2 东西向振型图

（a）柱 2 东西向一阶振型图；（b）柱 2 东西向二阶振型图

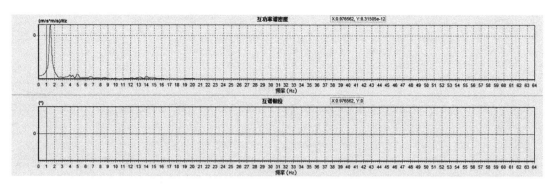

图 6.4-54　柱 3 测点 3-3 东西向自谱曲线图

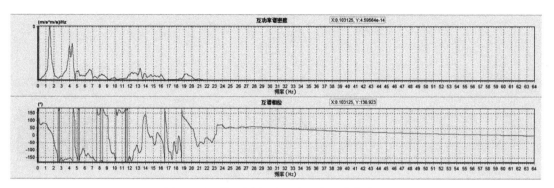

图 6.4-55　柱 3 测点 3-11 东西向互谱曲线图

柱 3 东西向互谱分析表　　　　　　　　　　　　　　表 6.4-12

测点号	3-3 自谱	3-11 互谱
频率（Hz）	1.45	4.6
一阶振型对应互功率谱密度（W/Hz）	$4.96×10^{-12}$	$4.26×10^{-12}$
二阶振型对应互功率谱密度（W/Hz）	$1.2×10^{-11}$	$8.17×10^{-12}$

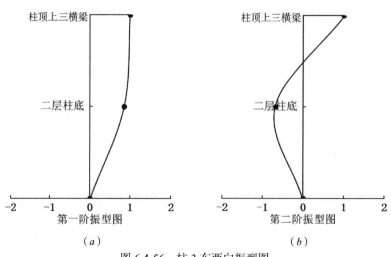

图 6.4-56　柱 3 东西向振型图

（a）柱 3 东西向一阶振型图；（b）柱 3 东西向二阶振型图

6.4.2 地铁、交通荷载致木结构振动测试

车辆、地铁活动范围为钟楼四周，交通激励位置随时变化，故本次测试采集地铁、交通荷载作用下木结构沿东西方向的速度响应，持续采集时间为 30min；对信号进行带阻滤波处理（上限：55Hz，下限：45Hz），并对振动信号加指数窗进行傅里叶变换，得到频域曲线。木结构水平东西向数据采集－速度波形，测点 1～12 对应的波形图如图 6.4-57～图 6.4-68 所示。

图 6.4-57 测点 1 速度波形（位置为东北角金柱—二层上三横梁）

图 6.4-58 测点 2 速度波形（位置为西北角金柱—二层上三横梁）

图 6.4-59 测点 3 速度波形（位置为西南角金柱—二层上三横梁）

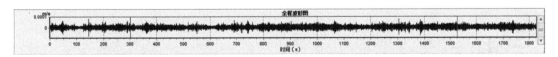

图 6.4-60 测点 4 速度波形（位置为东北角金柱—二层上三横梁竖向测点）

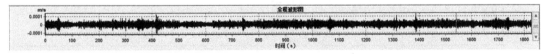

图 6.4-61 测点 5 速度波形（位置为西北角金柱—二层地面）

图 6.4-62 测点 6 速度波形（位置为西北角金柱—二层上一横梁）

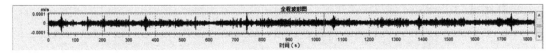

图 6.4-63 测点 7 速度波形（位置为西南角金柱—二层上三横梁）

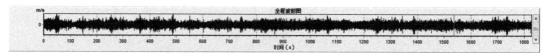

图 6.4-64　测点 8 速度波形（位置为西南角金柱—二层上一横梁）

图 6.4-65　测点 9 速度波形（位置为东北角金柱—二层上一横梁）

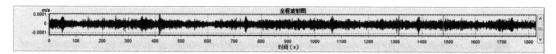

图 6.4-66　测点 10 速度波形（位置为东北角金柱—二层地面）

图 6.4-67　测点 11 速度波形（位置为西南角金柱—二层地面）

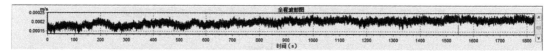

图 6.4-68　测点 12 速度波形（位置为西南角金柱—二层地面竖向测点）

木结构水平东西向数据采集－最大速度幅值，测点 1～12 对应的波形图如图 6.4-69～图 6.4-80 所示。

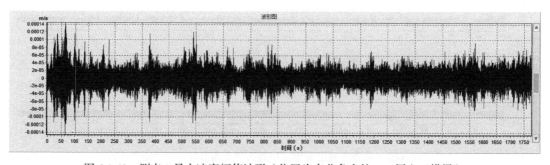

图 6.4-69　测点 1 最大速度幅值波形（位置为东北角金柱—二层上三横梁）

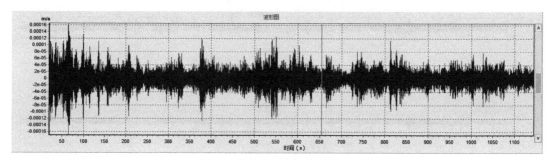

图 6.4-70　测点 2 最大速度幅值波形（位置为西北角金柱—二层上三横梁）

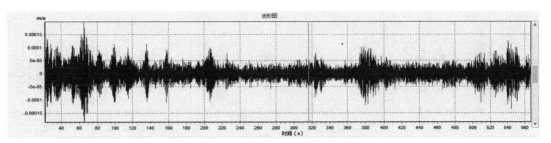

图 6.4-71　测点 3 最大速度幅值波形（位置为西南角金柱—二层上三横梁）

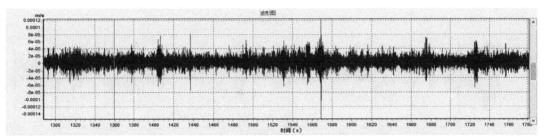

图 6.4-72　测点 4 最大速度幅值波形（位置为东北角金柱—二层上三横梁竖向测点）

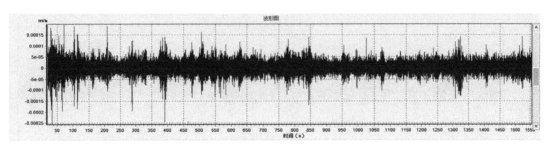

图 6.4-73　测点 5 最大速度幅值波形（位置为西北角金柱—二层地面）

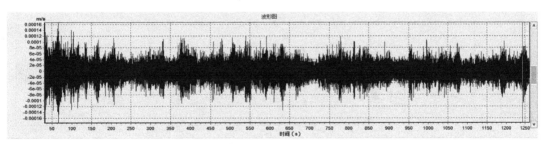

图 6.4-74　测点 6 最大速度幅值波形（位置为西北角金柱—二层上一横梁）

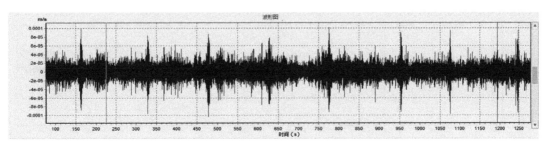

图 6.4-75　测点 7 最大速度幅值波形（位置为西南角金柱—二层上三横梁）

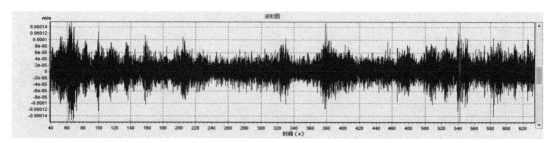

图 6.4-76　测点 8 最大速度幅值波形（位置为西南角金柱—二层上—横梁）

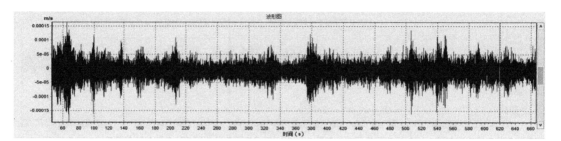

图 6.4-77　测点 9 最大速度幅值波形（位置为东北角金柱—二层上—横梁）

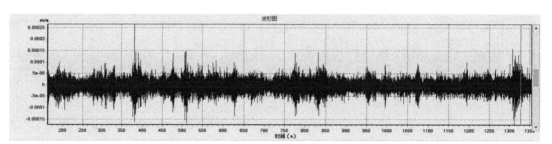

图 6.4-78　测点 10 最大速度幅值波形（位置为东北角金柱—二层地面）

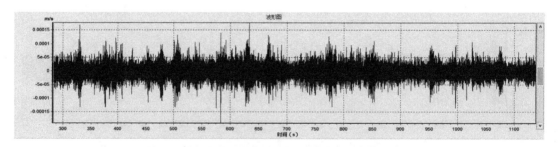

图 6.4-79　测点 11 最大速度幅值波形（位置为西南角金柱—二层地面）

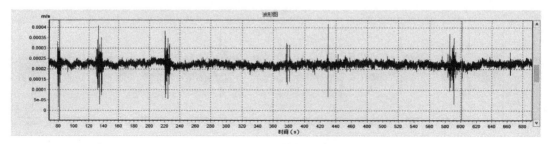

图 6.4-80　测点 12 最大速度幅值波形（位置为西南角金柱—二层地面竖向测点）

1. Z1 柱（西北角金柱）频谱分析

测点编号 2，测点位置在上三横梁，东西向，测量结果，时谱曲线如图 6.4-81 所示，频谱曲线如图 6.4-82 所示。

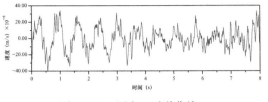

图 6.4-81　测点 2 时谱曲线　　　　　　　　　图 6.4-82　测点 2 频谱曲线

测点编号 6，测点位置在上一横梁，东西向，测量结果，时谱曲线如图 6.4-83 所示，频谱曲线如图 6.4-84 所示。

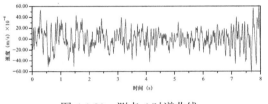

图 6.4-83　测点 6 时谱曲线　　　　　　　　　图 6.4-84　测点 6 频谱曲线

测点编号 5，测点位置在二层地面，东西向，测量结果，时谱曲线如图 6.4-85 所示，频谱曲线如图 6.4-86 所示。

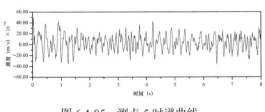

图 6.4-85　测点 5 时谱曲线　　　　　　　　　图 6.4-86　测点 5 频谱曲线

2. Z2 柱（东北角金柱）频谱分析

测点编号 1，测点位置在上三横梁，东西向，测量结果，时谱曲线如图 6.4-87 所示，频谱曲线如图 6.4-88 所示。

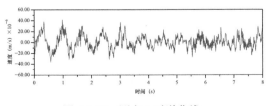

图 6.4-87　测点 1 时谱曲线　　　　　　　　　图 6.4-88　测点 1 频谱曲线

测点编号 9，测点位置在上一横梁，东西向，测量结果，时谱曲线如图 6.4-89 所示，频谱曲线如图 6.4-90 所示。

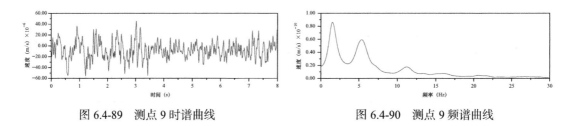

图 6.4-89　测点 9 时谱曲线　　　　　　图 6.4-90　测点 9 频谱曲线

测点编号 10，测点位置在二层地面，东西向，测量结果，时谱曲线如图 6.4-91 所示，频谱曲线如图 6.4-92 所示。

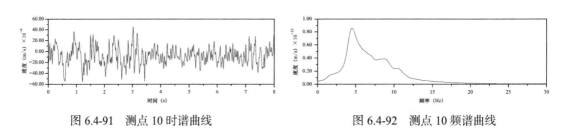

图 6.4-91　测点 10 时谱曲线　　　　　　图 6.4-92　测点 10 频谱曲线

测点编号 4，测点位置在上三横梁，竖直向，测量结果，时谱曲线如图 6.4-93 所示，频谱曲线如图 6.4-94 所示。

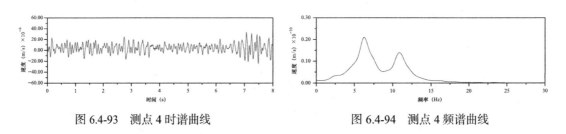

图 6.4-93　测点 4 时谱曲线　　　　　　图 6.4-94　测点 4 频谱曲线

3. Z3 柱（西南角金柱）频谱分析

测点编号 3，测点位置在上三横梁，东西向，测量结果，时谱曲线如图 6.4-95 所示，频谱曲线如图 6.4-96 所示。

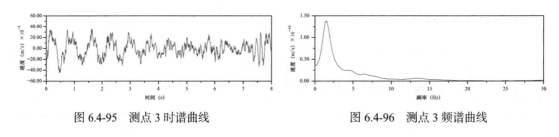

图 6.4-95　测点 3 时谱曲线　　　　　　图 6.4-96　测点 3 频谱曲线

测点编号 8，测点位置在上一横梁，东西向，测量结果，时谱曲线如图 6.4-97 所示，频谱曲线如图 6.4-98 所示。

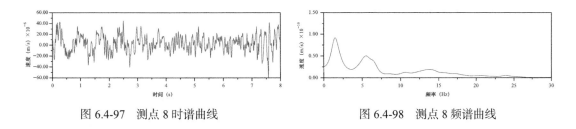

图 6.4-97　测点 8 时谱曲线　　　　图 6.4-98　测点 8 频谱曲线

测点编号 11，测点位置在二层地面，东西向，测量结果，时谱曲线如图 6.4-99 所示，频谱曲线如图 6.4-100 所示。

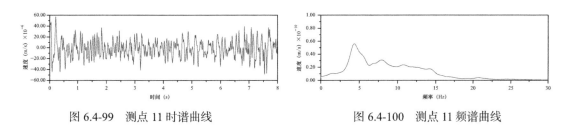

图 6.4-99　测点 11 时谱曲线　　　　图 6.4-100　测点 11 频谱曲线

测点编号 7，测点位置在上三横梁，竖直向，测量结果，时谱曲线如图 6.4-101 所示，频谱曲线如图 6.4-102 所示。

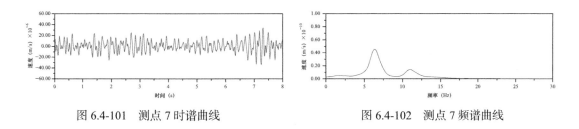

图 6.4-101　测点 7 时谱曲线　　　　图 6.4-102　测点 7 频谱曲线

提取地铁、交通荷载作用下各测点速度幅值，水平东西方向幅值详见表 6.4-13，竖直方向幅值见表 6.4-14。

地铁、交通荷载作用下水平东西方向各测点速度幅值统计　　　　表 6.4-13

统计项	Z1 柱（西北角）			Z2 柱（东北角）			Z3 柱（西南角）			最大幅值
位置	上三横梁	上一横梁	二层地面	上三横梁	上一横梁	二层地面	上三横梁	上一横梁	二层地面	最大幅值
测点号	2	6	5	1	9	10	3	8	11	
方向	东西	东西	东西	东西	东西	东西	东西	东西	东西	东西
最大幅值（m/s）	7.52×10^{-5}	1.3×10^{-4}	9.16×10^{-5}	4.91×10^{-5}	8.88×10^{-5}	8.55×10^{-5}	5.37×10^{-5}	8.39×10^{-5}	7.02×10^{-5}	1.3×10^{-4}
主频（Hz）	1.48	1.51	4.34	1.33	1.46	4.46	1.49	1.6	4.09	4.34

地铁、交通荷载作用下竖直方向各测点速度幅值统计　　　　表 6.4-14

统计项	Z2 柱上三横梁	Z3 柱上三横梁	Z3柱二层地面	最大幅值
测点号	4	7	12	
方向	竖直	竖直	竖直	竖直
最大幅值（m/s）	4.62×10^{-5}	5.85×10^{-5}	—	5.85×10^{-5}
主频（Hz）	3	6.83	—	6.83

由表 6.4-13、表 6.4-14 可见，在地铁、交通荷载激励下，钟楼木结构最大速度幅值为 1.3×10^{-4}m/s，为水平东西向振动，位于上一横梁，各测点振动频率为 1.33～4.46Hz；竖向振动最大速度幅值为 5.85×10^{-5}m/s，各测点振动频率为 3～6.83Hz。

6.4.3　地铁、交通、人群荷载致木结构振动测试

因钟楼对外开放，人群荷载对钟楼结构存在激励，且车辆、地铁活动范围为钟楼四周，交通激励位置随时变化，故本次测试采集地铁、交通、人群荷载作用下木结构沿东西方向的速度响应，持续采集时间为30min；对信号进行带阻滤波处理（上限：55Hz，下限：45Hz），并对振动信号加指数窗进行傅里叶变换，得到频域曲线。木结构水平东西向数据采集－速度波形，测点 1～12 对应的波形图如图 6.4-103～图 6.4-114 所示。

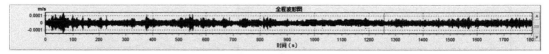

图 6.4-103　测点 1 速度波形（位置为东北角金柱—二层上三横梁）

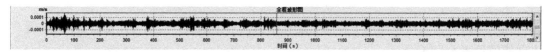

图 6.4-104　测点 2 速度波形（位置为西北角金柱—二层上三横梁）

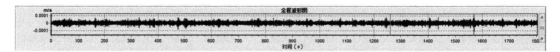

图 6.4-105　测点 3 速度波形（位置为西南角金柱—二层上三横梁）

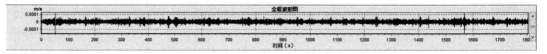

图 6.4-106　测点 4 速度波形（位置为东北角金柱—二层上三横梁竖向测点）

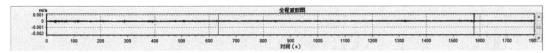

图 6.4-107　测点 5 速度波形（位置为西北角金柱—二层地面）

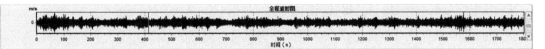

图 6.4-108　测点 6 速度波形（位置为西北角金柱—二层上一横梁）

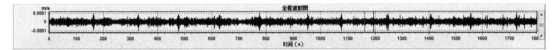

图 6.4-109　测点 7 速度波形（位置为西南角金柱—二层上三横梁）

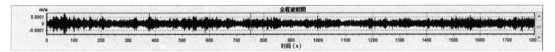

图 6.4-110　测点 8 速度波形（位置为西南角金柱—二层上一横梁）

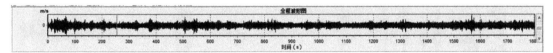

图 6.4-111　测点 9 速度波形（位置为东北角金柱—二层上一横梁）

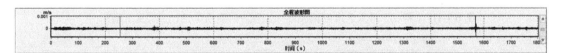

图 6.4-112　测点 10 速度波形（位置为东北角金柱—二层地面）

图 6.4-113　测点 11 速度波形（位置为西南角金柱—二层地面）

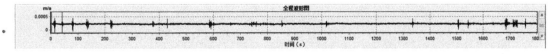

图 6.4-114　测点 12 速度波形（位置为西南角金柱—二层地面竖向测点）

木结构水平东西向数据采集－最大速度幅值：测点 1～12 对应的波形图如图 6.4-115～图 6.4-126 所示。

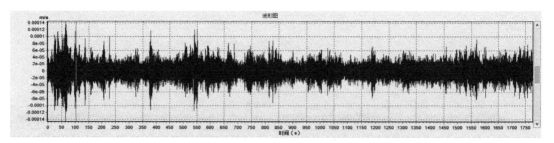

图 6.4-115　测点 1 最大速度幅值波形（位置为东北角金柱—二层上三横梁）

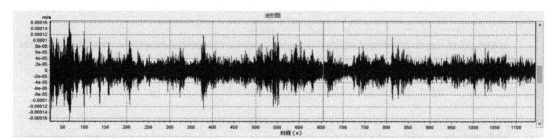

图 6.4-116　测点 2 最大速度幅值波形（位置为西北角金柱—二层上三横梁）

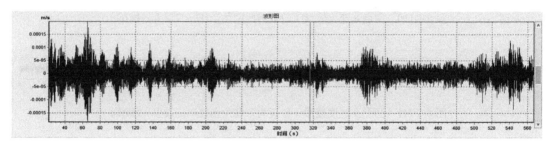

图 6.4-117　测点 3 最大速度幅值波形（位置为西南角金柱—二层上三横梁）

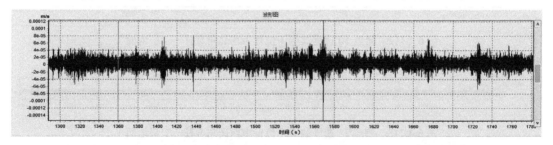

图 6.4-118　测点 4 最大速度幅值波形（位置为东北角金柱—二层上三横梁竖向测点）

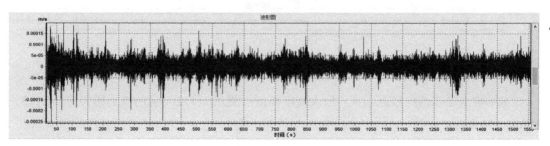

图 6.4-119　测点 5 最大速度幅值波形（位置为西北角金柱—二层地面）

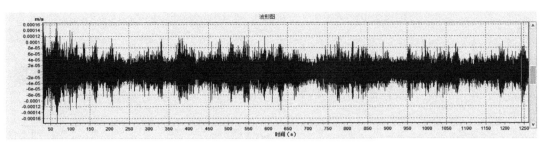

图 6.4-120 测点 6 最大速度幅值波形（位置为西北角金柱—二层上—横梁）

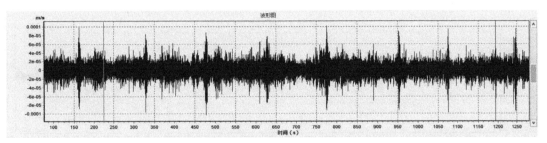

图 6.4-121 测点 7 最大速度幅值波形（位置为西南角金柱—二层上三横梁）

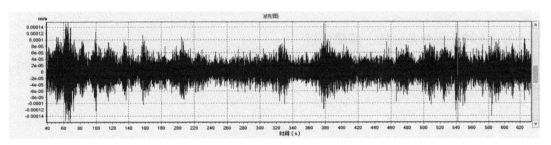

图 6.4-122 测点 8 最大速度幅值波形（位置为西南角金柱—二层上—横梁）

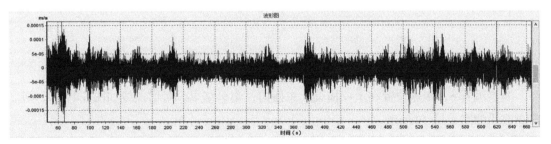

图 6.4-123 测点 9 最大速度幅值波形（位置为东北角金柱—二层上—横梁）

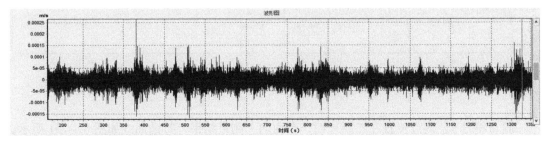

图 6.4-124 测点 10 最大速度幅值波形（位置为东北角金柱—二层地面）

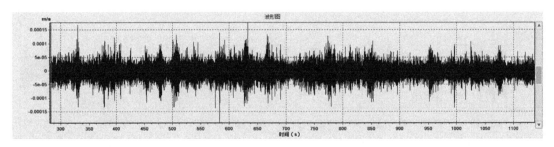

图 6.4-125　测点 11 最大速度幅值波形（位置为西南角金柱—二层地面）

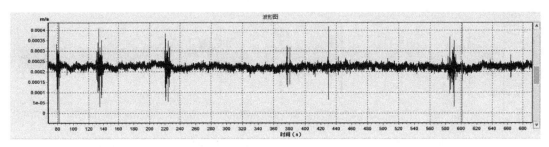

图 6.4-126　测点 12 最大速度幅值波形（位置为西南角金柱—二层地面竖向测点）

1. Z1 柱（西北角金柱）频谱分析

测点编号 2，测点位置在上三横梁，东西向，测量结果，时谱曲线如图 6.4-127 所示，频谱曲线如图 6.4-128 所示。

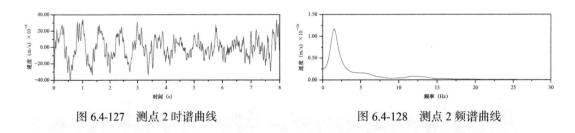

图 6.4-127　测点 2 时谱曲线　　　　　　　图 6.4-128　测点 2 频谱曲线

测点编号 6，测点位置在上一横梁，东西向，测量结果，时谱曲线如图 6.4-129 所示，频谱曲线如图 6.4-130 所示。

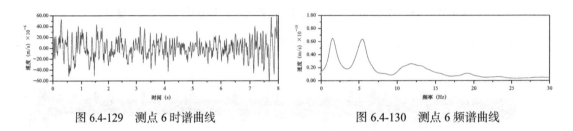

图 6.4-129　测点 6 时谱曲线　　　　　　　图 6.4-130　测点 6 频谱曲线

测点编号 5，测点位置在二层地面，东西向，测量结果，时谱曲线如图 6.4-131 所示，频谱曲线如图 6.4-132 所示。

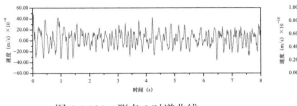

图 6.4-131　测点 5 时谱曲线　　　　　　　图 6.4-132　测点 5 频谱曲线

2. Z2 柱（东北角金柱）频谱分析

测点编号 1，测点位置在上三横梁，东西向，测量结果，时谱曲线如图 6.4-133 所示，频谱曲线如图 6.4-134 所示。

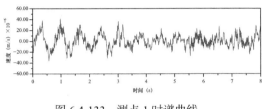

图 6.4-133　测点 1 时谱曲线　　　　　　　图 6.4-134　测点 1 频谱曲线

测点编号 9，测点位置在上一横梁，东西向，测量结果，时谱曲线如图 6.4-135 所示，频谱曲线如图 6.4-136 所示。

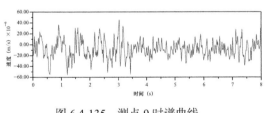

图 6.4-135　测点 9 时谱曲线　　　　　　　图 6.4-136　测点 9 频谱曲线

测点编号 10，测点位置在二层地面，东西向，测量结果，时谱曲线如图 6.4-137 所示，频谱曲线如图 6.4-138 所示。

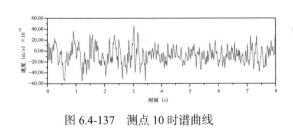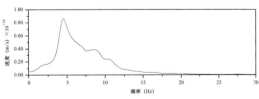

图 6.4-137　测点 10 时谱曲线　　　　　　　图 6.4-138　测点 10 频谱曲线

测点编号 4，测点位置在上三横梁，竖直向，测量结果，时谱曲线如图 6.4-139 所示，频谱曲线如图 6.4-140 所示。

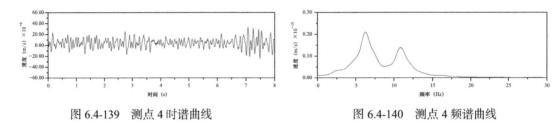

图 6.4-139　测点 4 时谱曲线　　　　　　图 6.4-140　测点 4 频谱曲线

3. Z3 柱（西南角金柱）频谱分析

测点编号 3，测点位置在上三横梁，东西向，测量结果，时谱曲线如图 6.4-141 所示，频谱曲线如图 6.4-142 所示。

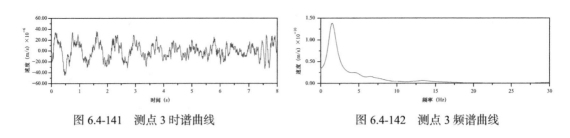

图 6.4-141　测点 3 时谱曲线　　　　　　图 6.4-142　测点 3 频谱曲线

测点编号 8，测点位置在上一横梁，东西向，测量结果，时谱曲线如图 6.4-143 所示，频谱曲线如图 6.4-144 所示。

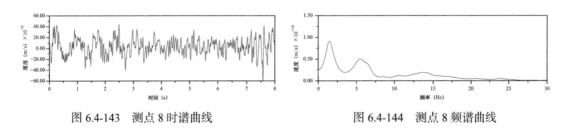

图 6.4-143　测点 8 时谱曲线　　　　　　图 6.4-144　测点 8 频谱曲线

测点编号 11，测点位置在二层地面，东西向，测量结果，时谱曲线如图 6.4-145 所示，频谱曲线如图 6.4-146 所示。

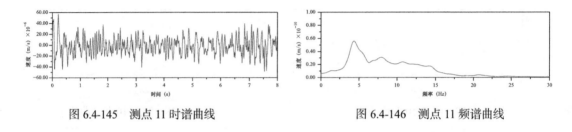

图 6.4-145　测点 11 时谱曲线　　　　　　图 6.4-146　测点 11 频谱曲线

测点编号 7，测点位置在上三横梁，竖直向，测量结果，时谱曲线如图 6.4-147 所示，频谱曲线如图 6.4-148 所示。

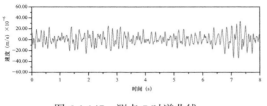

图 6.4-147　测点 7 时谱曲线

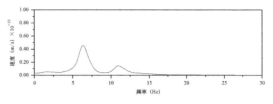

图 6.4-148　测点 7 频谱曲线

提取地铁、交通、人群荷载作用下各测点速度幅值，水平东西方向速度幅值详见表 6.4-15，竖直方向速度幅值见表 6.4-16。

地铁、交通、人群荷载作用下各测点水平东西方向速度幅值统计　　表 6.4-15

统计项	Z1 柱			Z2 柱			Z3 柱			最大幅值
位置	上三横梁	上一横梁	二层地面	上三横梁	上一横梁	二层地面	上三横梁	上一横梁	二层地面	最大幅值
测点号	2	6	5	1	9	10	3	8	11	
方向	东西	东西	东西	东西	东西	东西	东西	东西	东西	东西
最大幅值（m/s）	6.52×10^{-5}	1.8×10^{-4}	1.7×10^{-4}	5.49×10^{-5}	1.9×10^{-4}	1.6×10^{-4}	2×10^{-4}	1.6×10^{-4}	1.5×10^{-4}	2×10^{-4}
主频（Hz）	1.47	1.42	1.54	1.47	1.38	1.51	1.48	1.42	4.37	4.37

地铁、交通、人群荷载作用下各测点竖直方向速度幅值统计　　表 6.4-16

统计项	Z2 柱上三横梁	Z3 柱上三横梁	Z3柱二层地面	最大幅值
测点号	4	7	12	最大幅值
方向	竖直	竖直	竖直	竖直
最大幅值（m/s）	6.55×10^{-5}	6.17×10^{-5}	—	6.55×10^{-5}
主频（Hz）	6.64	1.4	—	6.64

由表 6.4-15、表 6.4-16 可见，在地铁、交通、人群荷载激励下，钟楼木结构最大速度幅值为 2×10^{-4} m/s，为水平东西向振动，位于上三横梁，各测点振动频率为 1.38～4.37Hz；竖向振动最大速度幅值为 6.55×10^{-5} m/s，各测点振动频率为 1.4～6.64Hz。

6.4.4　地铁、交通、人群荷载致台基振动测试

1. 地铁、交通、人群荷载致台基振动测试

在钟楼营业时间段，综合考虑地铁、交通、人群荷载对结构的激励响应，故本次测试采集地铁、交通、人群荷载作用下台基各方向的速度响应，持续采集时间为 30min；对信号进行带阻滤波处理（上限：55Hz，下限：45Hz），并对振动信号加指数窗进行傅里叶变换，得到频域曲线。采集台基各方向速度波形图，测点 1～9 对应的波形图如图 6.4-149～

图 6.4-157 所示。

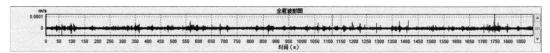

图 6.4-149　测点 1 速度波形（位置为台基南侧隔离带—东西向）

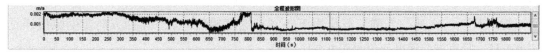

图 6.4-150　测点 2 速度波形（位置为台基南侧隔离带—南北向）

图 6.4-151　测点 3 速度波形（位置为台基南侧隔离带—竖向）

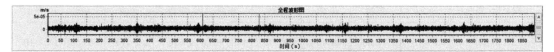

图 6.4-152　测点 4 速度波形（位置为台基底部中间—东西向）

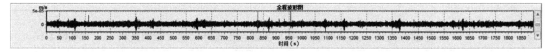

图 6.4-153　测点 5 速度波形（位置为台基底部中间—南北向）

图 6.4-154　测点 6 速度波形（位置为台基底部中间—竖向）

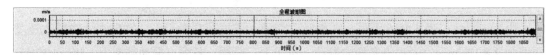

图 6.4-155　测点 7 速度波形（位置为台基顶部中间—东西向）

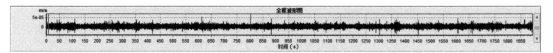

图 6.4-156　测点 8 速度波形（位置为台基顶部中间—南北向）

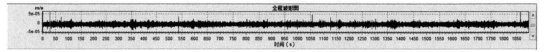

图 6.4-157　测点 9 速度波形（位置为台基底部中间—竖向）

台基各方向数据采集－最大速度幅值图：测点1～9对应的波形图如图6.4-158～图6.4-166所示。

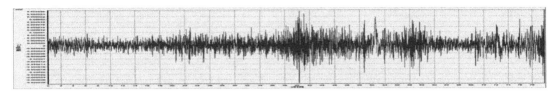

图6.4-158　测点1最大速度幅值波形（位置为台基南侧隔离带—东西向）

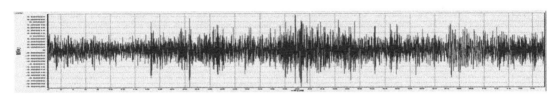

图6.4-159　测点2最大速度幅值波形（位置为台基南侧隔离带—南北向）

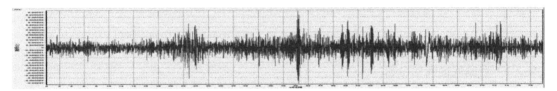

图6.4-160　测点3最大速度幅值波形（位置为台基南侧隔离带—竖向）

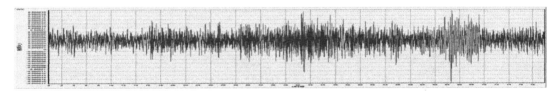

图6.4-161　测点4最大速度幅值波形（位置为台基底部中间—东西向）

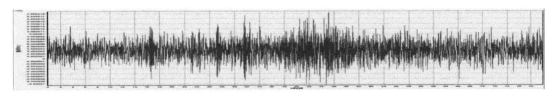

图6.4-162　测点5最大速度幅值波形（位置为台基底部中间—南北向）

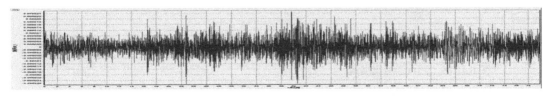

图6.4-163　测点6最大速度幅值波形（位置为台基底部中间—竖向）

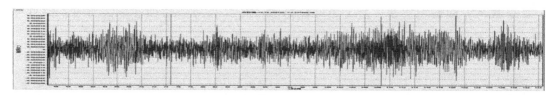

图 6.4-164 测点 7 最大速度幅值波形（位置为台基顶部中间—东西向）

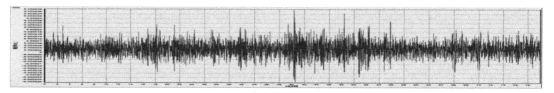

图 6.4-165 测点 8 最大速度幅值波形（位置为台基顶部中间—南北向）

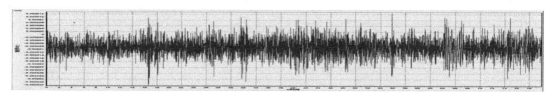

图 6.4-166 测点 9 最大速度幅值波形（位置为台基顶部中间—竖向）

（1）台基底面频谱分析

测点编号 1，测点位置在地面上，东西向，测量结果，时谱曲线如图 6.4-167 所示，频谱曲线如图 6.4-168 所示。

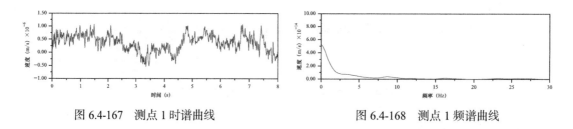

图 6.4-167 测点 1 时谱曲线　　　　　　　　图 6.4-168 测点 1 频谱曲线

测点编号 2，测点位置在地面上，南北向，测量结果，时谱曲线如图 6.4-169 所示，频谱曲线如图 6.4-170 所示。

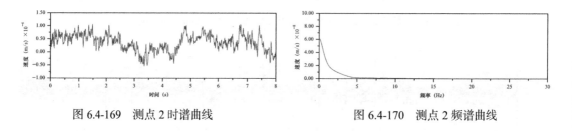

图 6.4-169 测点 2 时谱曲线　　　　　　　　图 6.4-170 测点 2 频谱曲线

测点编号 3，测点位置在地面上，竖直向，测量结果，时谱曲线如图 6.4-171 所示，频谱曲线如图 6.4-172 所示。

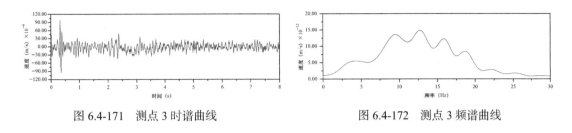

图 6.4-171　测点 3 时谱曲线　　　　　图 6.4-172　测点 3 频谱曲线

测点编号 4，测点位置在地面上，东西向，测量结果，时谱曲线如图 6.4-173 所示，频谱曲线如图 6.4-174 所示。

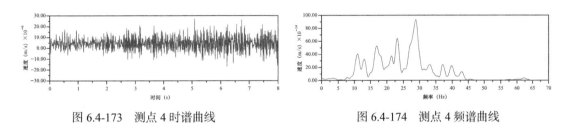

图 6.4-173　测点 4 时谱曲线　　　　　图 6.4-174　测点 4 频谱曲线

测点编号 5，测点位置在地面上，南北向，测量结果，时谱曲线如图 6.4-175 所示，频谱曲线如图 6.4-176 所示。

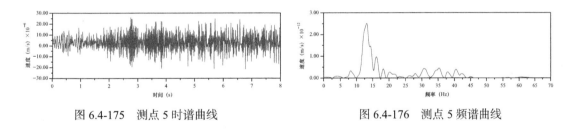

图 6.4-175　测点 5 时谱曲线　　　　　图 6.4-176　测点 5 频谱曲线

测点编号 6，测点位置在地面上，竖直向，测量结果，时谱曲线如图 6.4-177 所示，频谱曲线如图 6.4-178 所示。

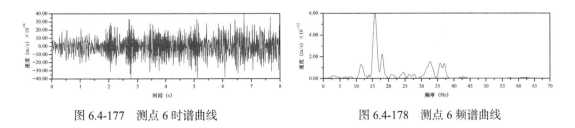

图 6.4-177　测点 6 时谱曲线　　　　　图 6.4-178　测点 6 频谱曲线

（2）台基顶面频谱分析

测点编号 7，测点位置在台基顶面，东西向，测量结果，时谱曲线如图 6.4-179 所示，频谱曲线如图 6.4-180 所示。

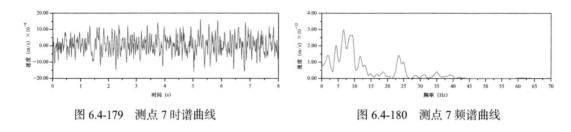

图 6.4-179　测点 7 时谱曲线　　　　　图 6.4-180　测点 7 频谱曲线

测点编号 8，测点位置在台基顶面，南北向，测量结果，时谱曲线如图 6.4-181 所示，频谱曲线如图 6.4-182 所示。

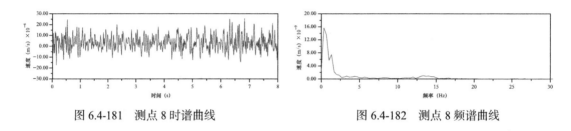

图 6.4-181　测点 8 时谱曲线　　　　　图 6.4-182　测点 8 频谱曲线

测点编号 9，测点位置在台基顶面，竖直向，测量结果，时谱曲线如图 6.4-183 所示，频谱曲线如图 6.4-184 所示。

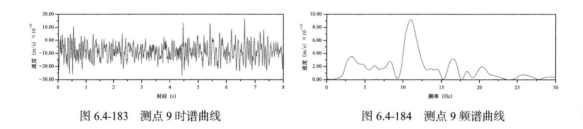

图 6.4-183　测点 9 时谱曲线　　　　　图 6.4-184　测点 9 频谱曲线

提取地铁、交通、人群荷载作用下各测点速度幅值，水平东西方向速度幅值详见表 6.4-17，水平南北方向速度幅值详见表 6.4-18，竖直方向速度幅值见表 6.4-19。

地铁、交通、人群荷载作用下台基及地面水平东西方向各测点速度幅值统计　表 6.4-17

统计项	台基南侧隔离带	台基底面（中间）	台基顶面（中间）	最大幅值
测点号	1	4	7	
方向	东西	东西	东西	东西
最大幅值（m/s）	2.88×10^{-5}	1.7×10^{-5}	2.19×10^{-5}	2.88×10^{-5}
主频（Hz）	2.61	3.04	3.4	3.4

地铁、交通、人群荷载作用下台基及地面水平南北方向各测点速度幅值统计　表 6.4-18

统计项	台基南侧隔离带	台基底面（中间）	台基顶面（中间）	最大幅值
测点号	2	5	8	
方向	南北	南北	南北	南北
最大幅值（m/s）	3.95×10^{-5}	1.86×10^{-5}	3.76×10^{-5}	3.95×10^{-5}
主频（Hz）	3.03	3.13	3.5	3.5

地铁、交通、人群荷载作用下台基及地面竖直方向各测点速度幅值统计　表 6.4-19

统计项	台基南侧隔离带	台基底面（中间）	台基顶面（中间）	最大幅值
测点号	3	6	9	
方向	竖直	竖直	竖直	竖直
最大幅值（m/s）	7.19×10^{-5}	2.68×10^{-5}	3.42×10^{-5}	7.19×10^{-5}
主频（Hz）	2.82	5.09	3.01	5.09

由表 6.4-17～表 6.4-19 可见，在地铁、交通、人群荷载激励下：水平方向振动最大速度幅值为 3.95×10^{-5} m/s，位于台基南侧隔离带；钟楼台基顶各水平方向振动幅值均大于台基底，最大速度幅值为 3.76×10^{-5} m/s，为水平南北向振动。竖直方向振动最大速度幅值为 7.19×10^{-5} m/s，位于台基南侧隔离带；钟楼台基顶竖直方向振动幅值大于台基底，最大速度幅值为 3.42×10^{-5} m/s。

2. 地铁单北向进站致台基振动测试

为了研究地铁对钟楼台基振动的影响，单北向进站时台基各方向的速度波形图，测点 1～9 对应的速度波形图如图 6.4-185～图 6.4-193 所示。

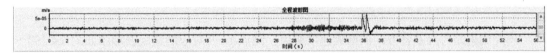

图 6.4-185　测点 1 速度波形（位置为台基南侧隔离带—东西向）

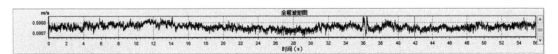

图 6.4-186　测点 2 速度波形（位置为台基南侧隔离带—南北向）

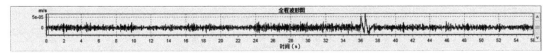

图 6.4-187　测点 3 速度波形（位置为台基南侧隔离带—竖向）

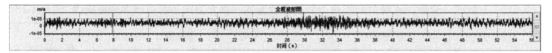

图 6.4-188　测点 4 速度波形（位置为台基底部中间—东西向）

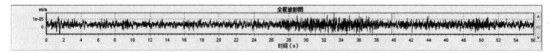

图 6.4-189　测点 5 速度波形（位置为台基底部中间—南北向）

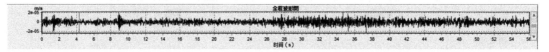

图 6.4-190　测点 6 速度波形（位置为台基底部中间—竖向）

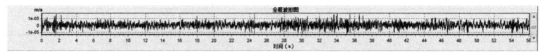

图 6.4-191　测点 7 速度波形（位置为台基顶部中间—东西向）

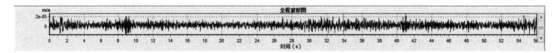

图 6.4-192　测点 8 速度波形（位置为台基顶部中间—南北向）

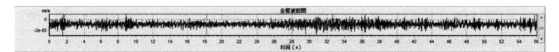

图 6.4-193　测点 9 速度波形（位置为台基顶部中间—竖向）

单北向进站时台基各方向的最大速度幅值：测点 1～9 对应的速度波形图如图 6.4-194～图 6.4-202 所示。

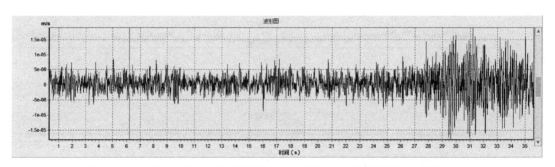

图 6.4-194　测点 1 最大速度幅值波形（位置为台基南侧隔离带—东西向）

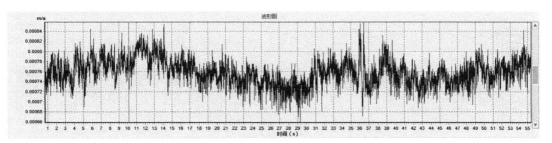

图 6.4-195　测点 2 最大速度幅值波形（位置为台基南侧隔离带—南北向）

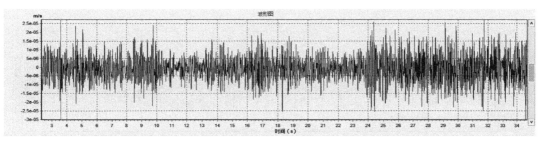

图 6.4-196　测点 3 最大速度幅值波形（位置为台基南侧隔离带—竖向）

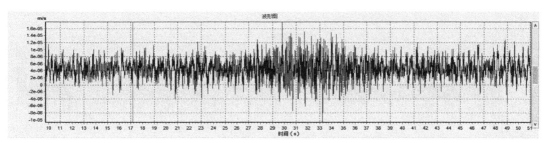

图 6.4-197　测点 4 最大速度幅值波形（位置为台基底部中间—东西向）

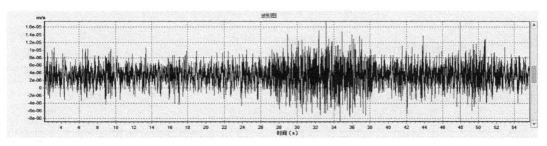

图 6.4-198　测点 5 最大速度幅值波形（位置为台基底部中间—南北向）

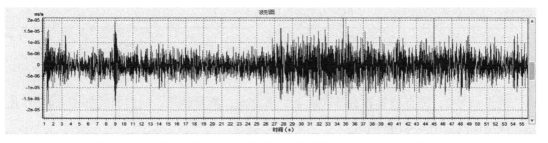

图 6.4-199　测点 6 最大速度幅值波形（位置为台基底部中间—竖向）

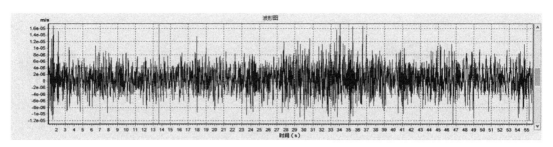

图 6.4-200　测点 7 最大速度幅值波形（位置为台基顶部中间—东西向）

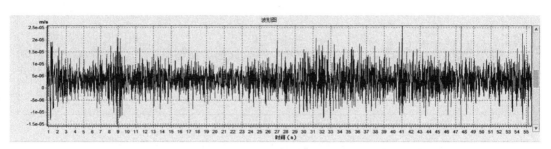

图 6.4-201　测点 8 最大速度幅值波形（位置为台基顶部中间—南北向）

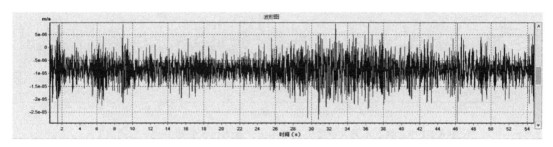

图 6.4-202　测点 9 最大速度幅值波形（位置为台基顶部中间—竖向）

（1）台基底面频谱分析

测点编号 1，测点位置在台基底面上，东西向，测量结果，时谱曲线如图 6.4-203 所示，频谱曲线如图 6.4-204 所示。

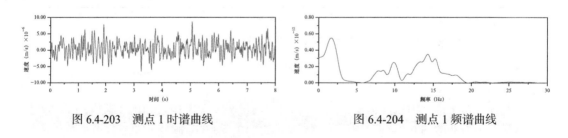

图 6.4-203　测点 1 时谱曲线　　　　　　图 6.4-204　测点 1 频谱曲线

测点编号 2，测点位置在台基底面上，南北向，测量结果，时谱曲线如图 6.4-205 所示，频谱曲线如图 6.4-206 所示。

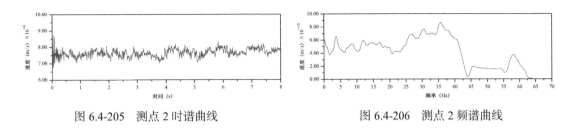

图 6.4-205　测点 2 时谱曲线　　　　　图 6.4-206　测点 2 频谱曲线

测点编号 3，测点位置在台基底面上，竖直向，测量结果，时谱曲线如图 6.4-207 所示，频谱曲线如图 6.4-208 所示。

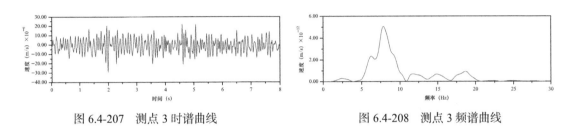

图 6.4-207　测点 3 时谱曲线　　　　　图 6.4-208　测点 3 频谱曲线

测点编号 4，测点位置在台基底面上，东西向，测量结果，时谱曲线如图 6.4-209 所示，频谱曲线如图 6.4-210 所示。

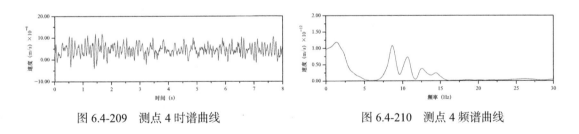

图 6.4-209　测点 4 时谱曲线　　　　　图 6.4-210　测点 4 频谱曲线

测点编号 5，测点位置在台基底面上，南北向，测量结果，时谱曲线如图 6.4-211 所示，频谱曲线如图 6.4-212 所示。

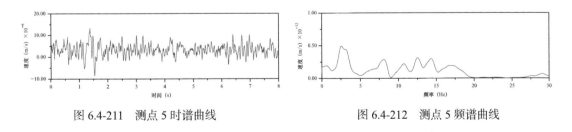

图 6.4-211　测点 5 时谱曲线　　　　　图 6.4-212　测点 5 频谱曲线

测点编号 6，测点位置在台基底面上，竖直向，测量结果，时谱曲线如图 6.4-213 所示，频谱曲线如图 6.4-214 所示。

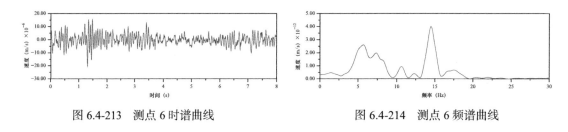

图 6.4-213　测点 6 时谱曲线	图 6.4-214　测点 6 频谱曲线

（2）台基顶面频谱分析

测点编号 7，测点位置在台基顶面，东西向，测量结果，时谱曲线如图 6.4-215 所示，频谱曲线如图 6.4-216 所示。

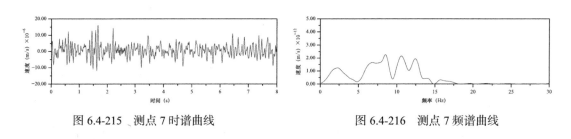

图 6.4-215　测点 7 时谱曲线	图 6.4-216　测点 7 频谱曲线

测点编号 8，测点位置在台基顶面，南北向，测量结果，时谱曲线如图 6.4-217 所示，频谱曲线如图 6.4-218 所示。

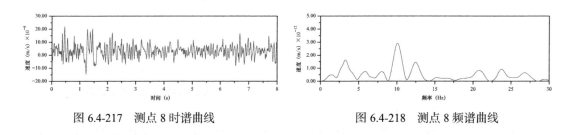

图 6.4-217　测点 8 时谱曲线	图 6.4-218　测点 8 频谱曲线

测点编号 9，测点位置在台基顶面，竖直向，测量结果，时谱曲线如图 6.4-219 所示，频谱曲线如图 6.4-220 所示。

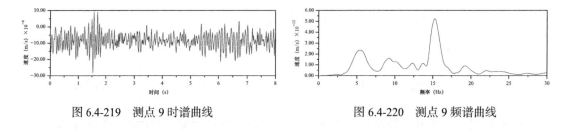

图 6.4-219　测点 9 时谱曲线	图 6.4-220　测点 9 频谱曲线

提取地铁单北向进站荷载作用下各测点速度幅值，水平东西方向速度幅值详见表 6.4-20，水平南北方向速度幅值详见表 6.4-21，竖直方向速度幅值见表 6.4-22。

地铁单北向进站荷载作用下台基及路面水平东西方向各测点速度幅值统计　表 6.4-20

统计项	台基南侧隔离带	台基底面（中间）	台基顶面（中间）	最大幅值
测点号	1	4	7	
方向	东西	东西	东西	东西
最大幅值（m/s）	2×10^{-5}	9.53×10^{-6}	1.6×10^{-5}	2×10^{-5}
主频（Hz）	1.81	1.18	2.97	2.97

地铁单北向进站荷载作用下台基及路面水平南北方向各测点速度幅值统计　表 6.4-21

统计项	台基南侧隔离带	台基底面（中间）	台基顶面（中间）	最大幅值
测点号	2	5	8	
方向	南北	南北	南北	南北
最大幅值（m/s）	2.53×10^{-5}	1.34×10^{-5}	2.2×10^{-5}	2.53×10^{-5}
主频（Hz）	2.03	1.56	3.33	3.33

地铁单北向进站荷载作用下台基及路面竖直方向各测点速度幅值统计　表 6.4-22

统计项	台基南侧隔离带	台基底面（中间）	台基顶面（中间）	最大幅值
测点号	3	6	9	
方向	竖直	竖直	竖直	竖直
最大幅值（m/s）	2.9×10^{-5}	2.25×10^{-5}	2.84×10^{-5}	2.9×10^{-5}
主频（Hz）	2.62	1.47	5.29	5.29

由表 6.4-20～表 6.4-22 可见，在地铁单北向进站荷载激励下，水平方向振动最大速度幅值为 2.53×10^{-5} m/s，位于台基南侧隔离带；钟楼台基顶各水平方向振动幅值均大于台基底，最大速度幅值为 2.2×10^{-5} m/s，为水平南北向振动。竖直方向振动最大速度幅值为 2.9×10^{-5} m/s，位于台基南侧隔离带；钟楼台基顶竖直方向振动幅值大于台基底，最大速度幅值为 2.84×10^{-5} m/s。

3. 地铁单北向离站致台基振动测试

地铁单北向离站时，仪器记录了台基各方向各测点的速度波形图，测点 1～9 顺序对应的速度波形图如图 6.4-221～图 6.4-229 所示。

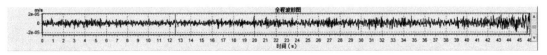

图 6.4-221　测点 1 速度波形（位置为台基南侧隔离带—东西向）

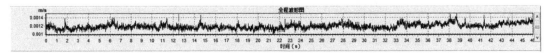

图 6.4-222　测点 2 速度波形（位置为台基南侧隔离带—南北向）

图 6.4-223　测点 3 速度波形（位置为台基南侧隔离带—竖向）

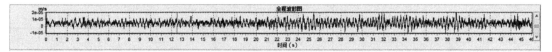

图 6.4-224　测点 4 速度波形（位置为台基底部中间—东西向）

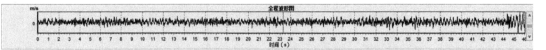

图 6.4-225　测点 5 速度波形（位置为台基底部中间—南北向）

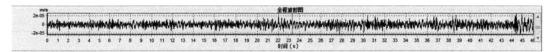

图 6.4-226　测点 6 速度波形（位置为台基底部中间—竖向）

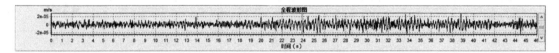

图 6.4-227　测点 7 速度波形（位置为台基顶部中间—东西向）

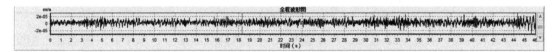

图 6.4-228　测点 8 速度波形（位置为台基顶部中间—南北向）

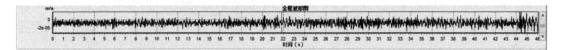

图 6.4-229　测点 9 速度波形（位置为台基顶部中间—竖向）

单北向离站时台基各方向的最大速度幅值图，仪器测量结果测点 1～9 对应顺序的最大速度幅值如图 6.4-230～图 6.4-238 所示。

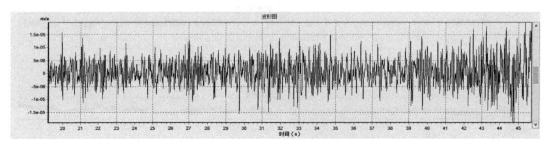

图 6.4-230　测点 1 最大速度幅值波形（位置为台基南侧隔离带—东西向）

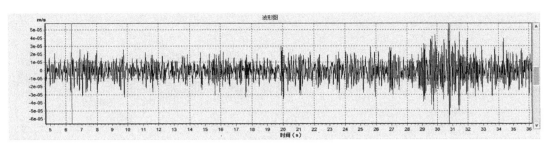

图 6.4-231　测点 2 最大速度幅值波形（位置为台基南侧隔离带—南北向）

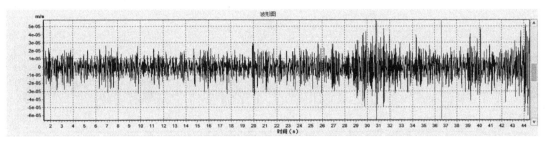

图 6.4-232　测点 3 最大速度幅值波形（位置为台基南侧隔离带—竖直向）

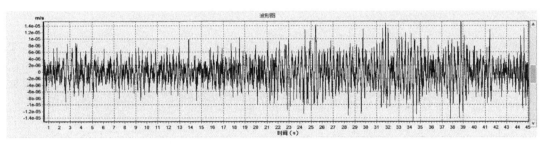

图 6.4-233　测点 4 最大速度幅值波形（位置为台基底部中间—东西向）

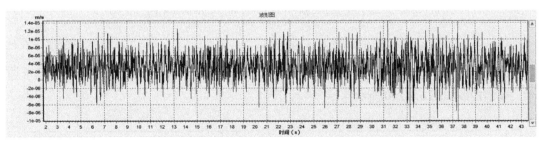

图 6.4-234　测点 5 最大速度幅值波形（位置为台基底部中间—南北向）

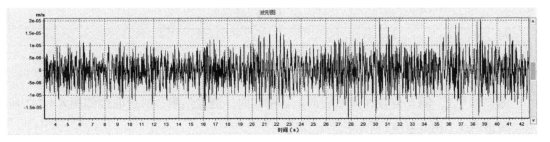

图 6.4-235　测点 6 最大速度幅值波形（位置为台基底部中间—竖直向）

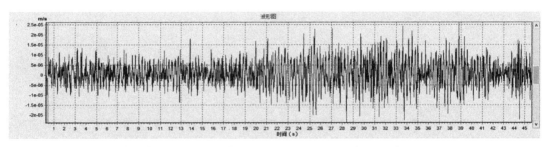

图 6.4-236　测点 7 最大速度幅值波形（位置为台基顶部中间—东西向）

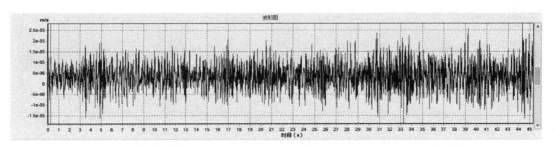

图 6.4-237　测点 8 最大速度幅值波形（位置为台基顶部中间—南北向）

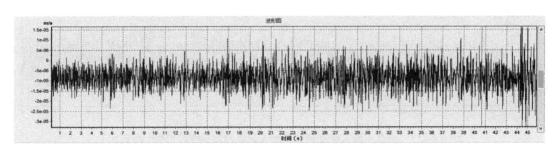

图 6.4-238　测点 9 最大速度幅值波形（位置为台基顶部中间—竖直向）

（1）台基底面频谱分析

测点编号 1，测点位置在台基底面上，东西向，测量结果，时谱曲线如图 6.4-239 所示，频谱曲线如图 6.4-240 所示。

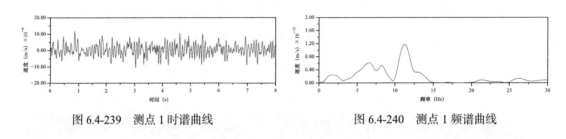

图 6.4-239　测点 1 时谱曲线　　　　　　图 6.4-240　测点 1 频谱曲线

测点编号 2，测点位置在台基底面上，南北向，测量结果，时谱曲线如图 6.4-241 所示，频谱曲线如图 6.4-242 所示。

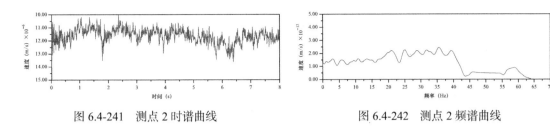

| 图 6.4-241 测点 2 时谱曲线 | 图 6.4-242 测点 2 频谱曲线 |

测点编号 3，测点位置在台基底面上，竖直向，测量结果，时谱曲线如图 6.4-243 所示，频谱曲线如图 6.4-244 所示。

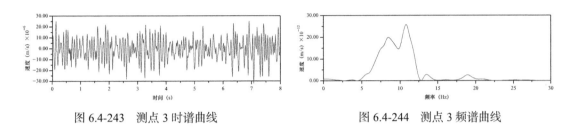

| 图 6.4-243 测点 3 时谱曲线 | 图 6.4-244 测点 3 频谱曲线 |

测点编号 4，测点位置在台基底面上，东西向，测量结果，时谱曲线如图 6.4-245 所示，频谱曲线如图 6.4-246 所示。

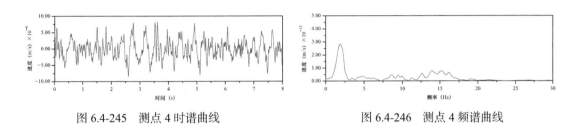

| 图 6.4-245 测点 4 时谱曲线 | 图 6.4-246 测点 4 频谱曲线 |

测点编号 5，测点位置在台基底面上，南北向，测量结果，时谱曲线如图 6.4-247 所示，频谱曲线如图 6.4-248 所示。

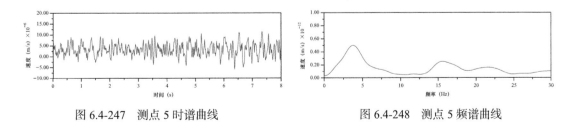

| 图 6.4-247 测点 5 时谱曲线 | 图 6.4-248 测点 5 频谱曲线 |

测点编号 6，测点位置在台基底面上，竖直向，测量结果，时谱曲线如图 6.4-249 所示，频谱曲线如图 6.4-250 所示。

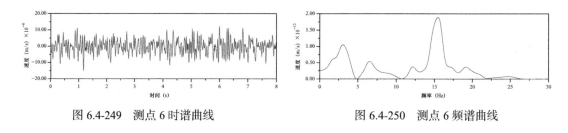

图 6.4-249　测点 6 时谱曲线　　　　　　图 6.4-250　测点 6 频谱曲线

（2）台基顶面频谱分析

测点编号 7，测点位置在台基顶面，东西向，测量结果，时谱曲线如图 6.4-251 所示，频谱曲线如图 6.4-252 所示。

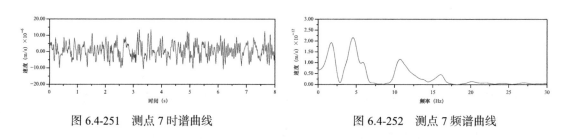

图 6.4-251　测点 7 时谱曲线　　　　　　图 6.4-252　测点 7 频谱曲线

测点编号 8，测点位置在台基顶面，南北向，测量结果，时谱曲线如图 6.4-253 所示，频谱曲线如图 6.4-254 所示。

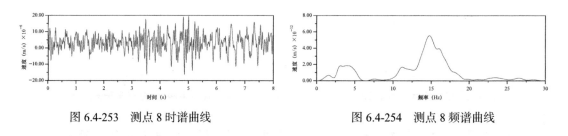

图 6.4-253　测点 8 时谱曲线　　　　　　图 6.4-254　测点 8 频谱曲线

测点编号 9，测点位置在台基顶面，竖直向，测量结果，时谱曲线如图 6.4-255 所示，频谱曲线如图 6.4-256 所示。

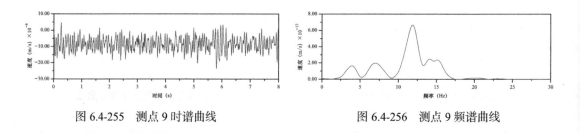

图 6.4-255　测点 9 时谱曲线　　　　　　图 6.4-256　测点 9 频谱曲线

提取地铁单北向离站荷载作用下各测点速度幅值，水平东西方向速度幅值详见表6.4-23，水平南北方向速度幅值详见表6.4-24，竖直方向速度幅值见表6.4-25。

地铁单北向离站荷载作用下台基及路面水平东西方向各测点速度幅值统计　表 6.4-23

统计项	台基南侧隔离带	台基底面（中间）	台基顶面（中间）	最大幅值
测点号	1	4	7	
方向	东西	东西	东西	东西
最大幅值（m/s）	1.82×10^{-5}	1.92×10^{-5}	2.61×10^{-5}	2.61×10^{-5}
主频（Hz）	1.73	1.91	1.56	1.91

地铁单北向离站荷载作用下台基及路面水平南北方向各测点速度幅值统计　表 6.4-24

统计项	台基南侧隔离带	台基底面（中间）	台基顶面（中间）	最大幅值
测点号	2	5	8	
方向	南北	南北	南北	南北
最大幅值（m/s）	1.28×10^{-5}	1.36×10^{-5}	2.79×10^{-5}	2.79×10^{-5}
主频（Hz）	3.46	3.76	3.69	3.76

地铁单北向离站荷载作用下台基及路面竖直方向各测点速度幅值统计　表 6.4-25

统计项	台基南侧隔离带	台基底面（中间）	台基顶面（中间）	最大幅值
测点号	3	6	9	
方向	竖直	竖直	竖直	竖直
最大幅值（m/s）	5.01×10^{-5}	2.15×10^{-5}	2.55×10^{-5}	5.01×10^{-5}
主频（Hz）	9.11	2.93	3.91	9.11

由表 6.4-23～表 6.4-25 可见，在地铁单北向离站荷载激励下，水平方向振动最大速度幅值为 2.79×10^{-5} m/s，位于台基顶面；钟楼台基顶各水平方向振动幅值均大于台基底，最大速度幅值为 2.79×10^{-5} m/s，为水平南北向振动。竖直方向振动最大速度幅值为 5.01×10^{-5} m/s，位于台基南侧隔离带；钟楼台基顶竖直方向振动幅值大于台基底，最大速度幅值为 2.55×10^{-5} m/s。

4. 地铁单南向进站致台基振动测试

地铁单南向进站时，仪器记录了台基各方向各测点的速度波形图，测点 1～9 顺序对应的速度波形图如图 6.4-257～图 6.4-265 所示。

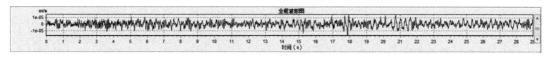

图 6.4-257　测点 1 速度波形（位置为台基南侧隔离带—东西向）

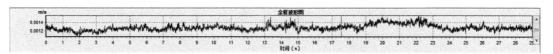

图 6.4-258　测点 2 速度波形（位置为台基南侧隔离带—南北向）

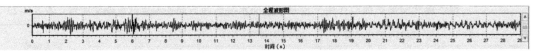

图 6.4-259　测点 3 速度波形（位置为台基南侧隔离带—竖直向）

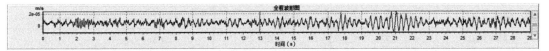

图 6.4-260　测点 4 速度波形（位置为台基底部中间—东西向）

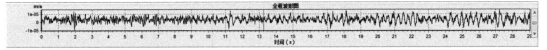

图 6.4-261　测点 5 速度波形（位置为台基底部中间—南北向）

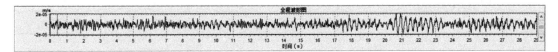

图 6.4-262　测点 6 速度波形（位置为台基底部中间—竖直向）

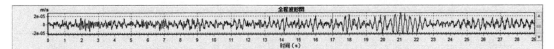

图 6.4-263　测点 7 速度波形（位置为台基顶部中间—东西向）

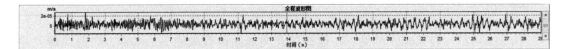

图 6.4-264　测点 8 速度波形（位置为台基顶部中间—南北向）

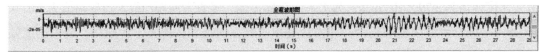

图 6.4-265　测点 9 速度波形（位置为台基顶部中间—竖直向）

单南向进站时台基各方向的最大速度幅值图，仪器测量结果测点 1～9 对应顺序的最大速度幅值如图 6.4-266～图 6.4-274 所示。

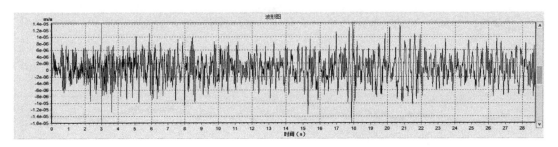

图 6.4-266　测点 1 最大速度幅值波形（位置为台基南侧隔离带—东西向）

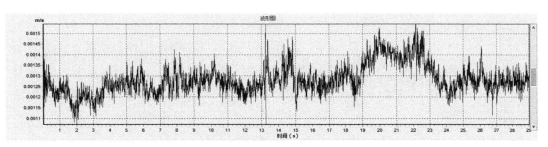

图 6.4-267　测点 2 最大速度幅值波形（位置为台基南侧隔离带—南北向）

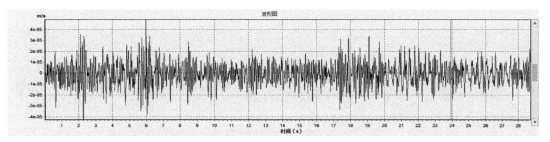

图 6.4-268　测点 3 最大速度幅值波形（位置为台基南侧隔离带—竖直向）

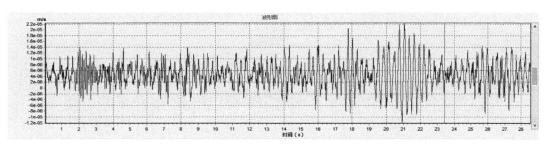

图 6.4-269　测点 4 最大速度幅值波形（位置为台基底部中间—东西向）

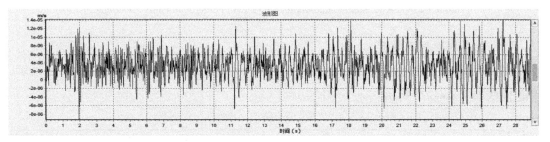

图 6.4-270　测点 5 最大速度幅值波形（位置为台基底部中间—南北向）

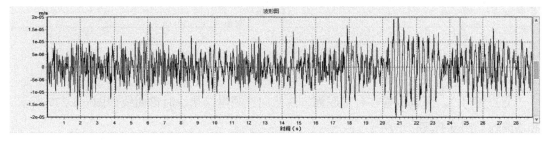

图 6.4-271　测点 6 最大速度幅值波形（位置为台基底部中间—竖直向）

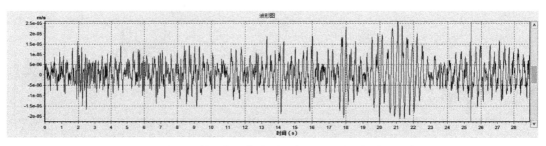

图 6.4-272　测点 7 最大速度幅值波形（位置为台基顶部中间—东西向）

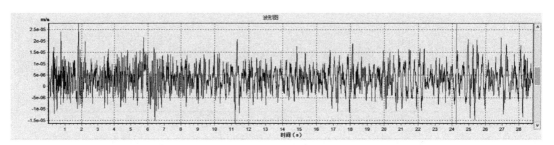

图 6.4-273　测点 8 最大速度幅值波形（位置为台基顶部中间—南北向）

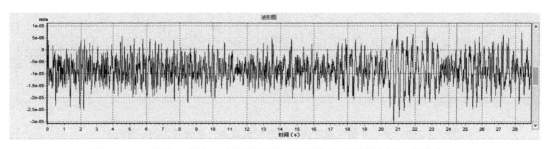

图 6.4-274　测点 9 最大速度幅值波形（位置为台基顶部中间—竖直向）

（1）台基底面频谱分析

测点编号 1，测点位置在台基底面，东西向，测量结果，时谱曲线如图 6.4-275 所示，频谱曲线如图 6.4-276 所示。

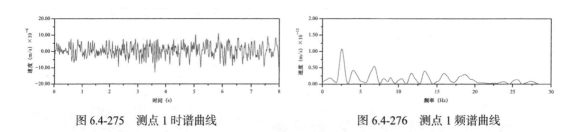

图 6.4-275　测点 1 时谱曲线　　　　图 6.4-276　测点 1 频谱曲线

测点编号 2，测点位置在台基底面，南北向，测量结果，时谱曲线如图 6.4-277 所示，频谱曲线如图 6.4-278 所示。

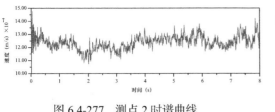

图 6.4-277　测点 2 时谱曲线

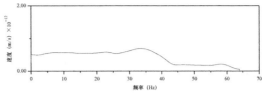

图 6.4-278　测点 2 频谱曲线

测点编号 3，测点位置在台基底面，竖直向，测量结果，时谱曲线如图 6.4-279 所示，频谱曲线如图 6.4-280 所示。

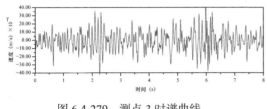

图 6.4-279　测点 3 时谱曲线

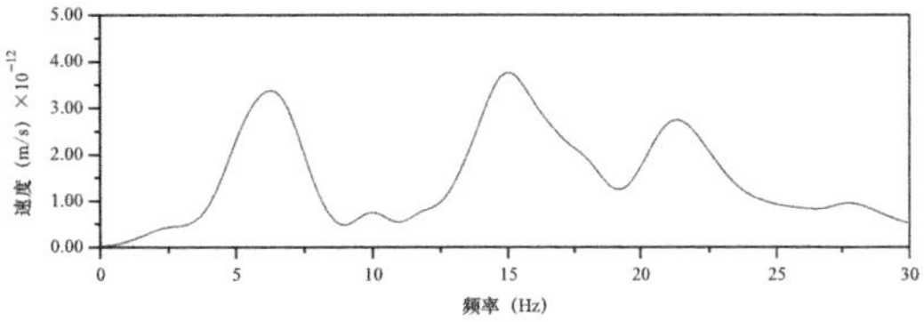

图 6.4-280　测点 3 频谱曲线

测点编号 4，测点位置在台基底面，东西向，测量结果，时谱曲线如图 6.4-281 所示，频谱曲线如图 6.4-282 所示。

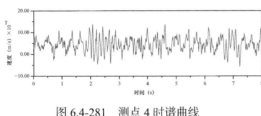

图 6.4-281　测点 4 时谱曲线

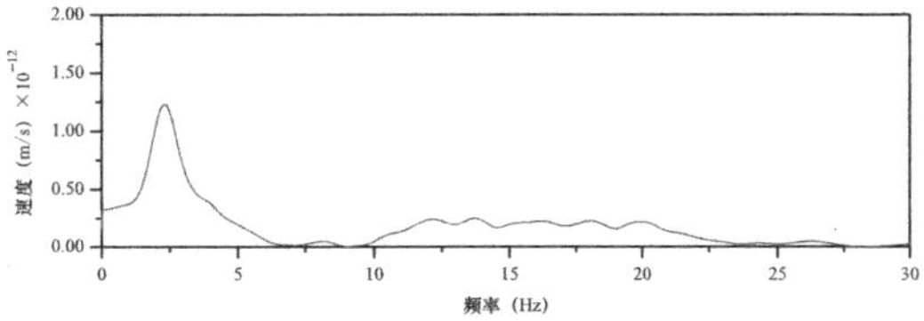

图 6.4-282　测点 4 频谱曲线

测点编号 5，测点位置在台基底面，南北向，测量结果，时谱曲线如图 6.4-283 所示，频谱曲线如图 6.4-284 所示。

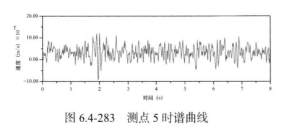

图 6.4-283　测点 5 时谱曲线

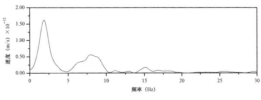

图 6.4-284　测点 5 频谱曲线

测点编号 6，测点位置在台基底面，竖直向，测量结果，时谱曲线如图 6.4-285 所示，频谱曲线如图 6.4-286 所示。

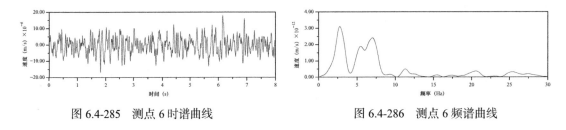

图 6.4-285　测点 6 时谱曲线　　　　　图 6.4-286　测点 6 频谱曲线

（2）台基顶面频谱分析

测点编号 7，测点位置在台基顶面，东西向，测量结果，时谱曲线如图 6.4-287 所示，频谱曲线如图 6.4-288 所示。

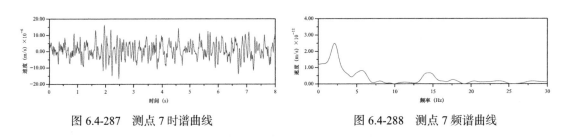

图 6.4-287　测点 7 时谱曲线　　　　　图 6.4-288　测点 7 频谱曲线

测点编号 8，测点位置在台基顶面，南北向，测量结果，时谱曲线如图 6.4-289 所示，频谱曲线如图 6.4-290 所示。

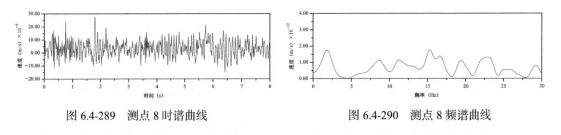

图 6.4-289　测点 8 时谱曲线　　　　　图 6.4-290　测点 8 频谱曲线

测点编号 9，测点位置在台基顶面，竖直向，测量结果，时谱曲线如图 6.4-291 所示，频谱曲线如图 6.4-292 所示。

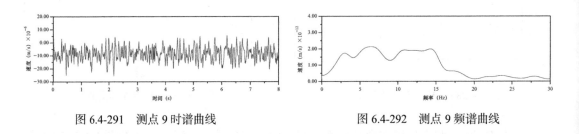

图 6.4-291　测点 9 时谱曲线　　　　　图 6.4-292　测点 9 频谱曲线

提取地铁单南向进站荷载作用下各测点速度幅值，水平东西方向幅值详见表 6.4-26，水平南北方向幅值详见表 6.4-27，竖直方向幅值见表 6.4-28。

地铁单南向进站荷载作用下台基及路面水平东西方向各测点速度幅值统计 表 6.4-26

统计项	台基南侧隔离带	台基底面（中间）	台基顶面（中间）	最大幅值
测点号	1	4	7	
方向	东西	东西	东西	东西
最大幅值（m/s）	1.59×10^{-5}	2.22×10^{-5}	2.57×10^{-5}	2.57×10^{-5}
主频（Hz）	2.54	2.3	2.21	2.54

地铁单南向进站荷载作用下台基及路面水平南北方向各测点速度幅值统计 表 6.4-27

统计项	台基南侧隔离带	台基底面（中间）	台基顶面（中间）	最大幅值
测点号	2	5	8	
方向	南北	南北	南北	南北
最大幅值（m/s）	1.32×10^{-5}	1.41×10^{-5}	2.69×10^{-5}	2.69×10^{-5}
主频（Hz）	1.75	1.85	1.63	1.85

地铁单南向进站荷载作用下台基及路面竖直方向各测点速度幅值统计 表 6.4-28

统计项	台基南侧隔离带	台基底面（中间）	台基顶面（中间）	最大幅值
测点号	3	6	9	
方向	竖直	竖直	竖直	竖直
最大幅值（m/s）	4.87×10^{-5}	1.99×10^{-5}	2×10^{-5}	4.87×10^{-5}
主频（Hz）	2.37	2.68	2.76	2.76

由表 6.4-26～表 6.4-28 可见，在地铁单南向进站荷载激励下，水平方向振动最大速度幅值为 2.69×10^{-5}m/s，位于台基顶面；钟楼台基顶各水平方向振动幅值均大于台基底，最大速度幅值为 2.69×10^{-5}m/s，为水平南北向振动。竖直方向振动最大速度幅值为 4.87×10^{-5}m/s，位于台基南侧隔离带；钟楼台基顶竖直方向振动幅值大于台基底，最大速度幅值为 2×10^{-5}m/s。

5. 地铁单南向离站致台基振动测试

地铁单南向离站时，仪器记录了台基各方向各测点的速度波形图，测点 1～9 顺序对应的速度波形图如图 6.4-293～图 6.4-301 所示。

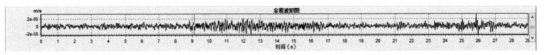

图 6.4-293 测点 1 速度波形（位置为台基南侧隔离带—东西向）

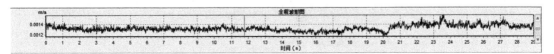

图 6.4-294 测点 2 速度波形（位置为台基南侧隔离带—南北向）

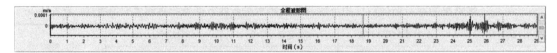

图 6.4-295　测点 3 速度波形（位置为台基南侧隔离带—竖直向）

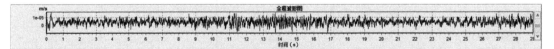

图 6.4-296　测点 4 速度波形（位置为台基底部中间—东西向）

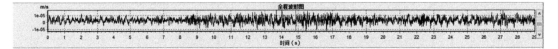

图 6.4-297　测点 5 速度波形（位置为台基底部中间—南北向）

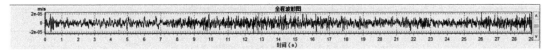

图 6.4-298　测点 6 速度波形（位置为台基底部中间—竖直向）

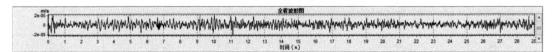

图 6.4-299　测点 7 速度波形（位置为台基顶部中间—东西向）

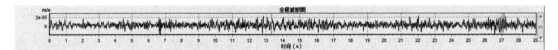

图 6.4-300　测点 8 速度波形（位置为台基顶部中间—南北向）

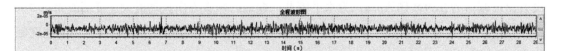

图 6.4-301　测点 9 速度波形（位置为台基顶部中间—竖直向）

单南向离站时仪器测量结果测点 1～9 对应顺序的最大速度幅值如图 6.4-302～图 6.4-310 所示。

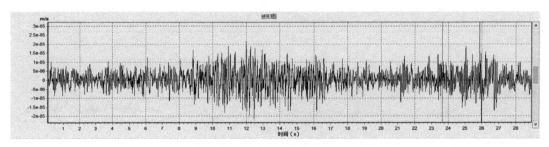

图 6.4-302　测点 1 最大速度幅值波形（位置为台基南侧隔离带—东西向）

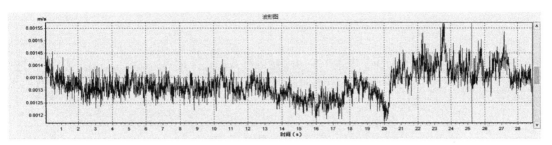

图 6.4-303　测点 2 最大速度幅值波形（位置为台基南侧隔离带—南北向）

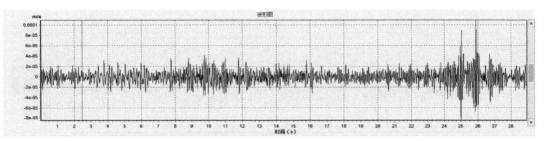

图 6.4-304　测点 3 最大速度幅值波形（位置为台基南侧隔离带—竖直向）

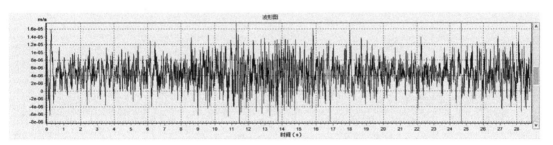

图 6.4-305　测点 4 最大速度幅值波形（位置为台基底部中间—东西向）

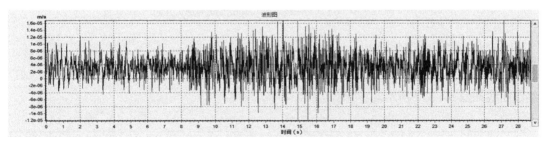

图 6.4-306　测点 5 最大速度幅值波形（位置为台基底部中间—南北向）

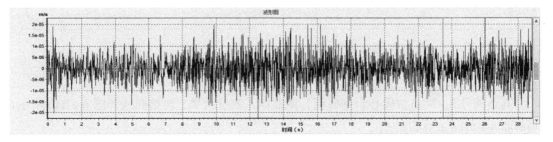

图 6.4-307　测点 6 最大速度幅值波形（位置为台基底部中间—竖直向）

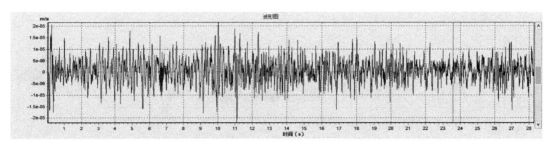

图 6.4-308　测点 7 最大速度幅值波形（位置为台基顶部中间—东西向）

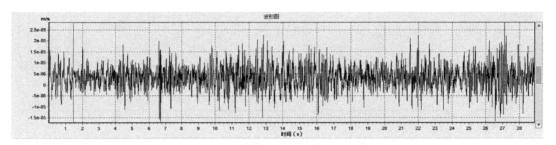

图 6.4-309　测点 8 最大速度幅值波形（位置为台基顶部中间—南北向）

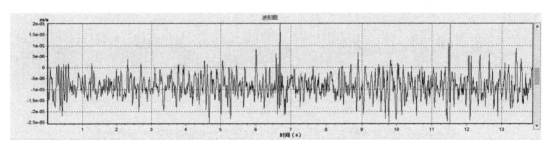

图 6.4-310　测点 9 最大速度幅值波形（位置为台基顶部中间—竖直向）

（1）台基底面频谱分析

测点编号 1，测点位置在台基底面，东西向，测量结果，时谱曲线如图 6.4-311 所示，频谱曲线如图 6.4-312 所示。

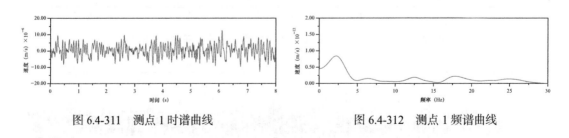

图 6.4-311　测点 1 时谱曲线　　　　　　　图 6.4-312　测点 1 频谱曲线

测点编号 2，测点位置在台基底面，南北向，测量结果，时谱曲线如图 6.4-313 所示，频谱曲线如图 6.4-314 所示。

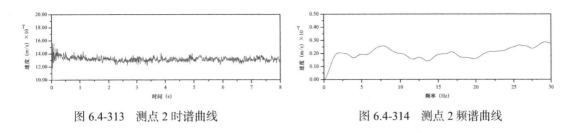

<table>
<tr><td>图 6.4-313　测点 2 时谱曲线</td><td>图 6.4-314　测点 2 频谱曲线</td></tr>
</table>

图 6.4-313　测点 2 时谱曲线　　　　　　　图 6.4-314　测点 2 频谱曲线

测点编号 3，测点位置在台基底面，竖直向，测量结果，时谱曲线如图 6.4-315 所示，频谱曲线如图 6.4-316 所示。

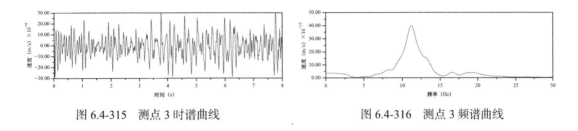

图 6.4-315　测点 3 时谱曲线　　　　　　　图 6.4-316　测点 3 频谱曲线

测点编号 4，测点位置在台基底面，东西向，测量结果，时谱曲线如图 6.4-317 所示，频谱曲线如图 6.4-318 所示。

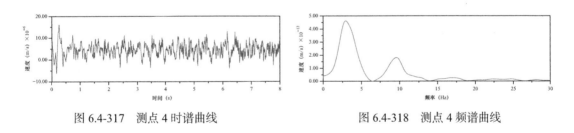

图 6.4-317　测点 4 时谱曲线　　　　　　　图 6.4-318　测点 4 频谱曲线

测点编号 5，测点位置在台基底面，南北向，测量结果，时谱曲线如图 6.4-319 所示，频谱曲线如图 6.4-320 所示。

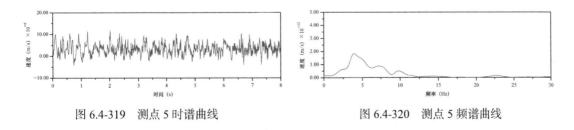

图 6.4-319　测点 5 时谱曲线　　　　　　　图 6.4-320　测点 5 频谱曲线

测点编号 6，测点位置在台基底面，竖直向，测量结果，时谱曲线如图 6.4-321 所示，频谱曲线如图 6.4-322 所示。

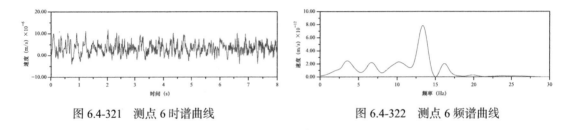

图 6.4-321　测点 6 时谱曲线　　　　　　图 6.4-322　测点 6 频谱曲线

（2）台基顶面频谱分析

测点编号 7，测点位置在台基顶面，东西向，测量结果，时谱曲线如图 6.4-323 所示，频谱曲线如图 6.4-324 所示。

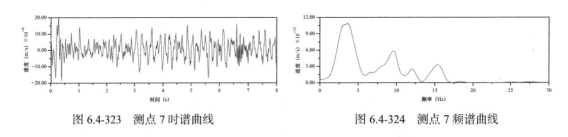

图 6.4-323　测点 7 时谱曲线　　　　　　图 6.4-324　测点 7 频谱曲线

测点编号 8，测点位置在台基顶面，南北向，测量结果，时谱曲线如图 6.4-325 所示，频谱曲线如图 6.4-326 所示。

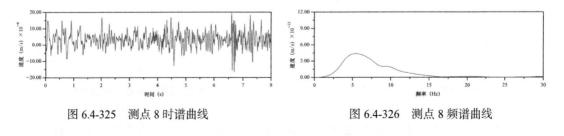

图 6.4-325　测点 8 时谱曲线　　　　　　图 6.4-326　测点 8 频谱曲线

测点编号 9，测点位置在台基顶面，竖直向，测量结果，时谱曲线如图 6.4-327 所示，频谱曲线如图 6.4-328 所示。

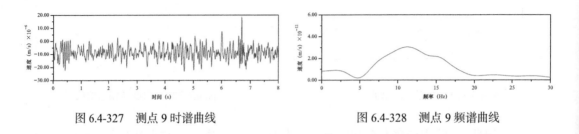

图 6.4-327　测点 9 时谱曲线　　　　　　图 6.4-328　测点 9 频谱曲线

提取地铁单南向离站荷载作用下各测点速度幅值，水平东西方向幅值详见表 6.4-29，水平南北方向幅值详见表 6.4-30，竖直方向幅值详见表 6.4-31。

地铁单南向离站荷载作用下台基及路面水平东西方向各测点速度幅值统计　表 6.4-29

统计项	台基南侧隔离带	台基底面（中间）	台基顶面（中间）	最大幅值
测点号	1	4	7	
方向	东西	东西	东西	东西
最大幅值（m/s）	3.06×10^{-5}	1.75×10^{-5}	2.28×10^{-5}	3.06×10^{-5}
主频（Hz）	2.22	2.76	2.98	2.98

地铁单南向离站荷载作用下台基及路面水平南北方向各测点速度幅值统计　表 6.4-30

统计项	台基南侧隔离带	台基底面（中间）	台基顶面（中间）	最大幅值
测点号	2	5	8	
方向	南北	南北	南北	南北
最大幅值（m/s）	3.45×10^{-5}	1.66×10^{-5}	2.79×10^{-5}	3.45×10^{-5}
主频（Hz）	3.56	2.37	5.33	5.33

地铁单南向离站荷载作用下台基及路面竖直方向各测点速度幅值统计　表 6.4-31

统计项	台基南侧隔离带	台基底面（中间）	台基顶面（中间）	最大幅值
测点号	3	6	9	
方向	竖直	竖直	竖直	竖直
最大幅值（m/s）	4.97×10^{-5}	2.5×10^{-5}	2.63×10^{-5}	4.97×10^{-5}
主频（Hz）	11.21	3.48	2.32	11.21

由表 6.4-29～表 6.4-31 可见，在地铁单南向离站荷载激励下：水平方向振动最大速度幅值为 3.45×10^{-5} m/s，位于台基南侧隔离带；钟楼台基顶各水平方向振动幅值均大于台基底，最大速度幅值为 2.79×10^{-5} m/s，为水平南北向振动。竖直方向振动最大速度幅值为 4.97×10^{-5} m/s，位于台基南侧隔离带；钟楼台基顶竖直方向振动幅值大于台基底，最大速度幅值为 2.63×10^{-5} m/s。

6. 地铁双向进站致台基振动测试

地铁双向进站时，仪器记录了台基各方向各测点的速度波形图，测点 1、3～9 顺序对应的速度波形图如图 6.4-329～图 6.4-336 所示。

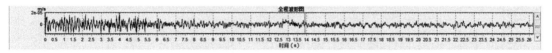

图 6.4-329　测点 1 速度波形（位置为台基南侧隔离带—东西向）

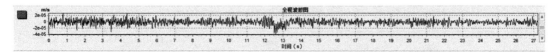

图 6.4-330　测点 3 速度波形（位置为台基南侧隔离带—竖直向）

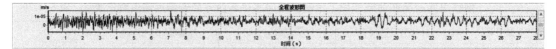

图 6.4-331　测点 4 速度波形（位置为台基底部中间—东西向）

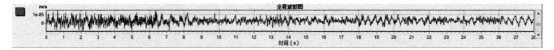

图 6.4-332　测点 5 速度波形（位置为台基底部中间—南北向）

图 6.4-333　测点 6 速度波形（位置为台基底部中间—竖直向）

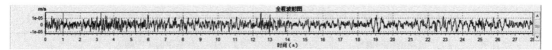

图 6.4-334　测点 7 速度波形（位置为台基顶部中间—东西向）

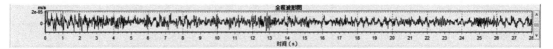

图 6.4-335　测点 8 速度波形（位置为台基顶部中间—南北向）

图 6.4-336　测点 9 速度波形（位置为台基顶部中间—竖直向）

　　地铁双向进站时仪器测量结果测点 1、3～9 对应顺序的最大速度幅值如图 6.4-337～图 6.4-344 所示。

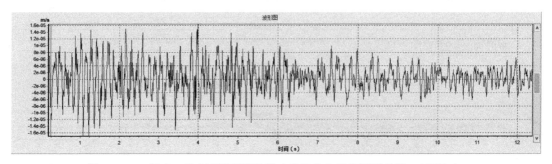

图 6.4-337　测点 1 最大速度幅值波形（位置为台基南侧隔离带—东西向）

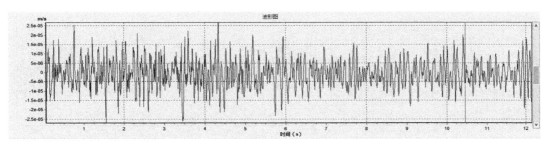

图 6.4-338　测点 3 最大速度幅值波形（位置为台基南侧隔离带—竖直向）

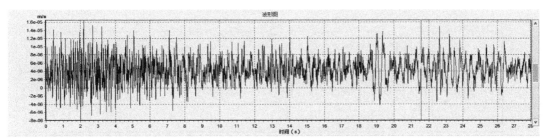

图 6.4-339　测点 4 最大速度幅值波形（位置为台基底部中间—东西向）

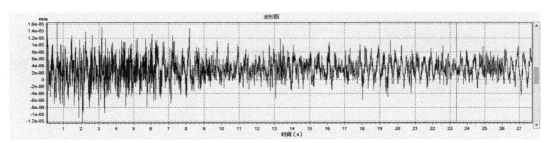

图 6.4-340　测点 5 最大速度幅值波形（位置为台基底部中间—南北向）

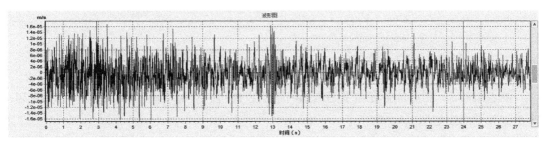

图 6.4-341　测点 6 最大速度幅值波形（位置为台基底部中间—竖直向）

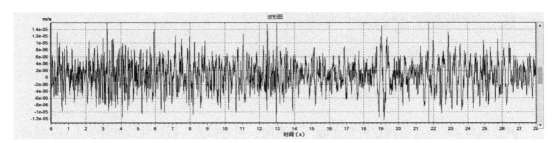

图 6.4-342　测点 7 最大速度幅值波形（位置为台基顶部中间—东西向）

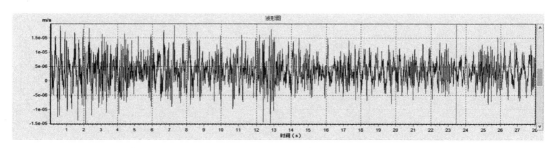

图 6.4-343　测点 8 最大速度幅值波形（位置为台基顶部中间—南北向）

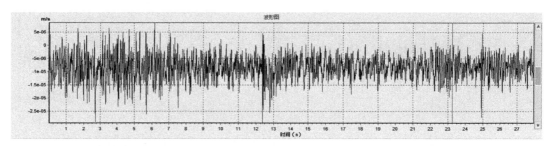

图 6.4-344　测点 9 最大速度幅值波形（位置为台基顶部中间—竖直向）

（1）台基底面频谱分析

测点编号 1，测点位置在台基南侧隔离带，东西向，测量结果，时谱曲线如图 6.4-345 所示，频谱曲线如图 6.4-346 所示。

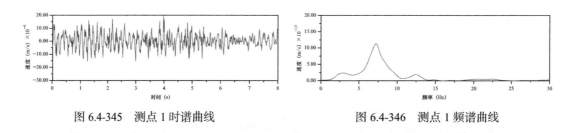

图 6.4-345　测点 1 时谱曲线　　　　　　　图 6.4-346　测点 1 频谱曲线

测点编号 3，测点位置在台基南侧隔离带，竖直向，测量结果，时谱曲线如图 6.4-347 所示，频谱曲线如图 6.4-348 所示。

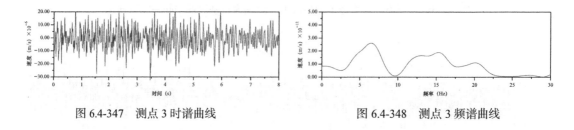

图 6.4-347　测点 3 时谱曲线　　　　　　　图 6.4-348　测点 3 频谱曲线

测点编号 4，测点位置在台基底面，东西向，测量结果，时谱曲线如图 6.4-349 所示，频谱曲线如图 6.4-350 所示。

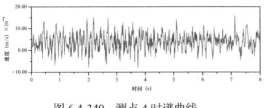
图 6.4-349　测点 4 时谱曲线

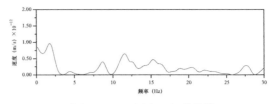
图 6.4-350　测点 4 频谱曲线

测点编号 5，测点位置在台基底面，南北向，测量结果，时谱曲线如图 6.4-351 所示，频谱曲线如图 6.4-352 所示。

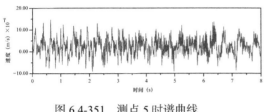
图 6.4-351　测点 5 时谱曲线

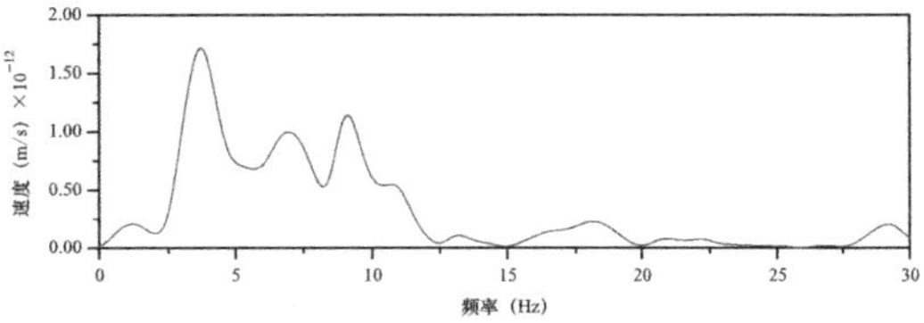

图 6.4-352　测点 5 频谱曲线

测点编号 6，测点位置在台基底面，竖直向，测量结果，时谱曲线如图 6.4-353 所示，频谱曲线如图 6.4-354 所示。

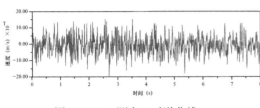
图 6.4-353　测点 6 时谱曲线

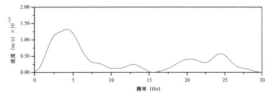
图 6.4-354　测点 6 频谱曲线

（2）台基顶面频谱分析

测点编号 7，测点位置在台基顶面，东西向，测量结果，时谱曲线如图 6.4-355 所示，频谱曲线如图 6.4-356 所示。

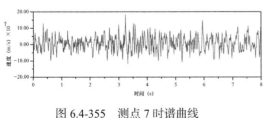
图 6.4-355　测点 7 时谱曲线

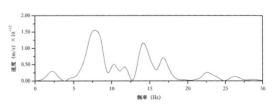
图 6.4-356　测点 7 频谱曲线

测点编号 8，测点位置在台基顶面，南北向，测量结果，时谱曲线如图 6.4-357 所示，频谱曲线如图 6.4-358 所示。

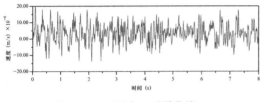

图 6.4-357 测点 8 时谱曲线	图 6.4-358 测点 8 频谱曲线

测点编号 9，测点位置在台基顶面，竖直向，测量结果，时谱曲线如图 6.4-359 所示，频谱曲线如图 6.4-360 所示。

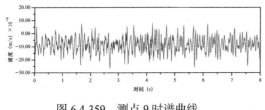
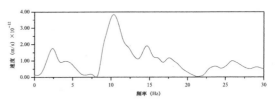

图 6.4-359 测点 9 时谱曲线	图 6.4-360 测点 9 频谱曲线

提取地铁双向进站荷载作用下各测点速度幅值，水平东西方向幅值详见表 6.4-32，水平南北方向幅值详见表 6.4-33，竖直方向幅值详见表 6.4-34。

地铁双向进站荷载作用下台基及路面水平东西方向各测点速度幅值统计　表 6.4-32

统计项	台基南侧隔离带	台基底面（中间）	台基顶面（中间）	最大幅值
测点号	1	4	7	
方向	东西	东西	东西	东西
最大幅值（m/s）	2.0×10^{-5}	1.6×10^{-5}	1.75×10^{-5}	2.0×10^{-5}
主频（Hz）	2.82	1.74	2.17	2.82

地铁双向进站荷载作用下台基及路面水平南北方向各测点速度幅值统计　表 6.4-33

统计项	台基南侧隔离带	台基底面（中间）	台基顶面（中间）	最大幅值
测点号	2	5	8	
方向	南北	南北	南北	南北
最大幅值（m/s）	/	1.46×10^{-5}	2.15×10^{-5}	2.15×10^{-5}
主频（Hz）	/	1.3	4.01	4.01

地铁双向进站荷载作用下台基及路面竖直方向各测点速度幅值统计　表 6.4-34

统计项	台基南侧隔离带	台基底面（中间）	台基顶面（中间）	最大幅值
测点号	3	6	9	
方向	竖直	竖直	竖直	竖直
最大幅值（m/s）	2.58×10^{-5}	1.78×10^{-5}	2.8×10^{-5}	2.8×10^{-5}
主频（Hz）	1.19	4.34	2.39	4.34

由表 6.4-32～表 6.4-34 可见，在地铁双向进站荷载激励下，水平方向振动最大速度幅值为 2.15×10^{-5}m/s，为水平南北向振动。竖直方向振动最大速度幅值为 2.8×10^{-5}m/s。

7. 地铁双向离站致台基振动测试

地铁双向离站时，仪器记录了台基各方向各测点的速度波形图，测点 1～9 顺序对应的速度波形如图 6.4-361～图 6.4-369 所示。

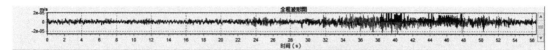

图 6.4-361 测点 1 速度波形（位置为台基南侧隔离带—东西向）

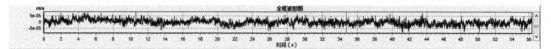

图 6.4-362 测点 2 速度波形（位置为台基南侧隔离带—南北向）

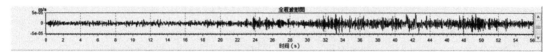

图 6.4-363 测点 3 速度波形（位置为台基南侧隔离带—竖直向）

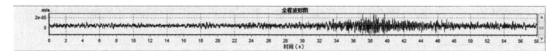

图 6.4-364 测点 4 速度波形（位置为台基底部中间—东西向）

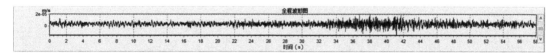

图 6.4-365 测点 5 速度波形（位置为台基底部中间—南北向）

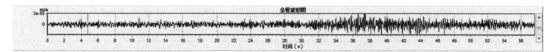

图 6.4-366 测点 6 速度波形（位置为台基底部中间—竖直向）

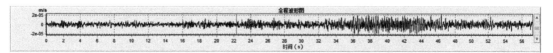

图 6.4-367 测点 7 速度波形（位置为台基顶部中间—东西向）

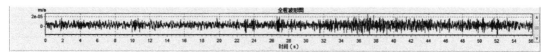

图 6.4-368 测点 8 速度波形（位置为台基顶部中间—南北向）

图 6.4-369　测点 9 速度波形（位置为台基顶部中间—竖直向）

　　地铁双向离站时仪器测量结果测点 1～9 对应顺序的最大速度幅值如图 6.4-370～图 6.4-378 所示。

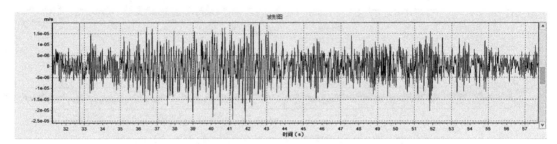

图 6.4-370　测点 1 最大速度幅值波形（位置为台基南侧隔离带—东西向）

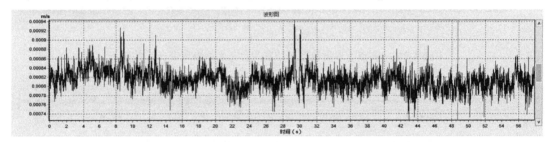

图 6.4-371　测点 2 最大速度幅值波形（位置为台基南侧隔离带—南北向）

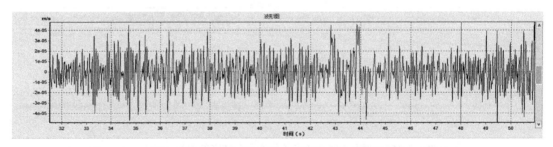

图 6.4-372　测点 3 最大速度幅值波形（位置为台基南侧隔离带—竖直向）

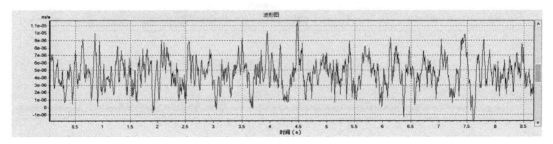

图 6.4-373　测点 4 最大速度幅值波形（位置为台基底部中间—东西向）

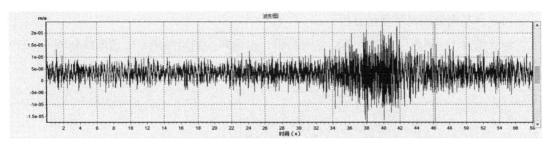

图 6.4-374　测点 5 最大速度幅值波形（位置为台基底部中间—南北向）

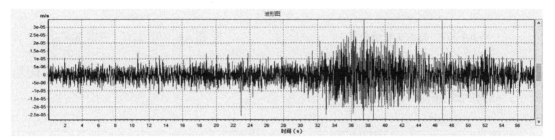

图 6.4-375　测点 6 最大速度幅值波形（位置为台基底部中间—竖直向）

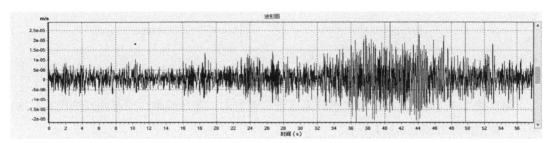

图 6.4-376　测点 7 最大速度幅值波形（位置为台基顶部中间—东西向）

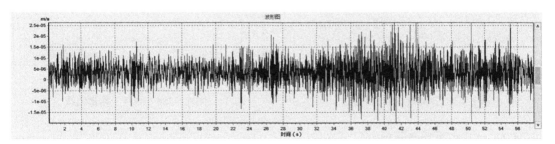

图 6.4-377　测点 8 最大速度幅值波形（位置为台基顶部中间—南北向）

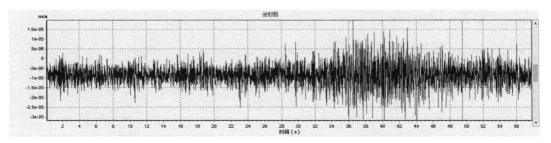

图 6.4-378　测点 9 最大速度幅值波形（位置为台基顶部中间—竖直向）

（1）台基南侧隔离带频谱分析

测点编号 1，测点位置在台基南侧隔离带，东西向，测量结果，时谱曲线如图 6.4-379 所示，频谱曲线如图 6.4-380 所示。

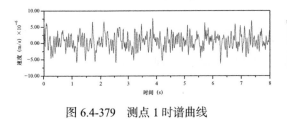

图 6.4-379　测点 1 时谱曲线　　　　　　　　　图 6.4-380　测点 1 频谱曲线

测点编号 2，测点位置在台基南侧隔离带，南北向，测量结果，时谱曲线如图 6.4-381 所示，频谱曲线如图 6.4-382 所示。

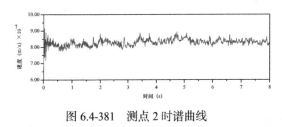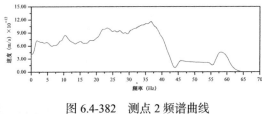

图 6.4-381　测点 2 时谱曲线　　　　　　　　　图 6.4-382　测点 2 频谱曲线

测点编号 3，测点位置在台基南侧隔离带，竖直向，测量结果，时谱曲线如图 6.4-383 所示，频谱曲线如图 6.4-384 所示。

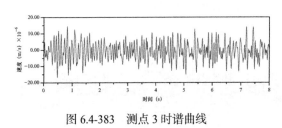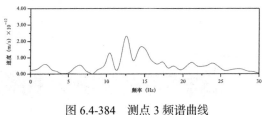

图 6.4-383　测点 3 时谱曲线　　　　　　　　　图 6.4-384　测点 3 频谱曲线

（2）台基底面频谱分析

测点编号 4，测点位置在台基底面，东西向，测量结果，时谱曲线如图 6.4-385 所示，频谱曲线如图 6.4-386 所示。

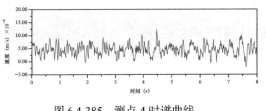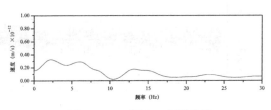

图 6.4-385　测点 4 时谱曲线　　　　　　　　　图 6.4-386　测点 4 频谱曲线

测点编号 5，测点位置在台基底面，南北向，测量结果，时谱曲线如图 6.4-387 所示，频谱曲线如图 6.4-388 所示。

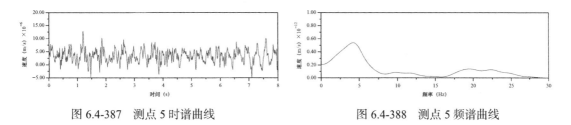

图 6.4-387　测点 5 时谱曲线　　　　　　图 6.4-388　测点 5 频谱曲线

测点编号 6，测点位置在台基底面，竖直向，测量结果，时谱曲线如图 6.4-389 所示，频谱曲线如图 6.4-390 所示。

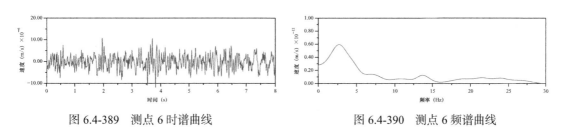

图 6.4-389　测点 6 时谱曲线　　　　　　图 6.4-390　测点 6 频谱曲线

（3）台基顶面频谱分析

测点编号 7，测点位置在台基顶面，东西向，测量结果，时谱曲线如图 6.4-391 所示，频谱曲线如图 6.4-392 所示。

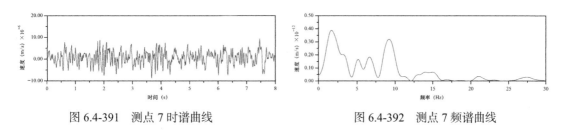

图 6.4-391　测点 7 时谱曲线　　　　　　图 6.4-392　测点 7 频谱曲线

测点编号 8，测点位置在台基顶面，南北向，测量结果，时谱曲线如图 6.4-393 所示，频谱曲线如图 6.4-394 所示。

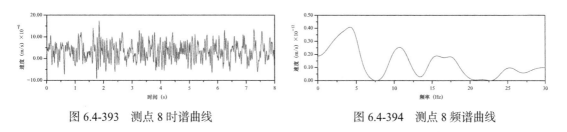

图 6.4-393　测点 8 时谱曲线　　　　　　图 6.4-394　测点 8 频谱曲线

测点编号 9，测点位置在台基顶面，竖直向，测量结果，时谱曲线如图 6.4-395 所示，频谱曲线如图 6.4-396 所示。

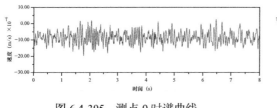

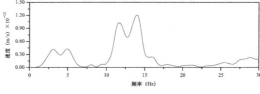

图 6.4-395　测点 9 时谱曲线　　　　　　图 6.4-396　测点 9 频谱曲线

提取地铁双向离站荷载作用下各测点速度幅值，水平东西方向幅值详见表 6.4-35，水平南北方向幅值详见表 6.4-36，竖直方向幅值详见表 6.4-37。

地铁双离站荷载作用下台基及路面水平东西方向各测点速度幅值统计　　表 6.4-35

统计项	台基南侧隔离带	台基底面（中间）	台基顶面（中间）	最大幅值
测点号	1	4	7	
方向	东西	东西	东西	东西
最大幅值（m/s）	$2.46×10^{-5}$	$2.42×10^{-5}$	$2.31×10^{-5}$	$2.46×10^{-5}$
主频（Hz）	1.63	2.6	1.82	2.6

地铁双离站荷载作用下台基及路面水平南北方向各测点速度幅值统计　　表 6.4-36

统计项	台基南侧隔离带	台基底面（中间）	台基顶面（中间）	最大幅值
测点号	2	5	8	
方向	南北	南北	南北	南北
最大幅值（m/s）	$9.29×10^{-5}$	$1.5×10^{-5}$	$2.59×10^{-5}$	$9.29×10^{-5}$
主频（Hz）	0.98	2.82	4.44	4.44

地铁双离站荷载作用下台基及路面竖直方向各测点速度幅值统计　　表 6.4-37

统计项	台基南侧隔离带	台基底面（中间）	台基顶面（中间）	最大幅值
测点号	3	6	9	
方向	竖直	竖直	竖直	竖直
最大幅值（m/s）	$5.15×10^{-5}$	$2.0×10^{-5}$	$1.74×10^{-5}$	$5.15×10^{-5}$
主频（Hz）	1.95	2.87	4.68	4.68

由表 6.4-35～表 6.4-37 可见，在地铁双向离站荷载激励下，水平方向振动最大速度幅值为 $9.29×10^{-5}$m/s，位于台基南侧隔离带，为水平南北向振动。竖直方向振动最大速度幅值为 $5.15×10^{-5}$m/s，位于台基南侧隔离带。

6.5　振动测试结果分析

（1）钟楼木结构沿东西方向的前2阶自振频率分别为：$f_1 = 1.48$Hz，$f_2 = 4.74$Hz，对应的自振周期为：$T_1 = 0.676$s，$T_2 = 0.21$s；钟楼木结构沿南北方向的前2阶自振频率分别为：$f_1 = 1.66$Hz，$f_2 = 4.82$Hz，对应的自振周期为：$T_1 = 0.602$s，$T_2 = 0.21$s。

（2）在地铁、交通荷载激励下，钟楼木结构最大速度幅值为1.3×10^{-4}m/s，为水平东西向振动，位于上一横梁，各测点振动频率为1.3～4.46Hz；竖向振动最大速度幅值为5.85×10^{-5}m/s，各测点振动频率为3～6.83Hz。

（3）在地铁、交通、人群荷载激励下，钟楼木结构最大速度幅值为2×10^{-4}m/s，为水平东西向振动，位于上三横梁，各测点振动频率为1.38～4.37Hz；竖向振动最大速度为6.55×10^{-5}m/s，各测点振动频率为1.4～6.64Hz。

（4）在地铁、交通、人群荷载激励下：水平方向振动最大速度幅值为3.95×10^{-5}m/s，位于台基南侧隔离带；钟楼台基顶各水平方向振动幅值均大于台基底，最大速度幅值为3.76×10^{-5}m/s，为水平南北向振动。竖直方向振动最大速度幅值为7.19×10^{-5}m/s，位于台基南侧隔离带；钟楼台基顶竖直方向振动幅值大于台基底，最大速度幅值为3.42×10^{-5}m/s。

（5）在地铁单北进站荷载激励下：水平方向振动最大速度幅值为2.53×10^{-5}m/s，位于台基南侧隔离带；钟楼台基顶各水平方向振动幅值均大于台基底，最大速度幅值为2.2×10^{-5}m/s，为水平南北向振动。竖直方向振动最大速度幅值为2.9×10^{-5}m/s，位于台基南侧隔离带；钟楼台基顶竖直方向振动幅值大于台基底，最大速度幅值为2.84×10^{-5}m/s。

（6）在地铁单北离站荷载激励下：水平方向振动最大速度幅值为2.79×10^{-5}m/s，位于台基顶面；钟楼台基顶各水平方向振动幅值均大于台基底，最大速度幅值为2.79×10^{-5}m/s，为水平南北向振动。竖直方向振动最大速度幅值为2.55×10^{-5}m/s，位于台基顶面；钟楼台基顶竖直方向振动幅值大于台基底，最大速度幅值为2.55×10^{-5}m/s。

（7）在地铁单南进站荷载激励下：水平方向振动最大速度幅值为2.69×10^{-5}m/s，位于台基顶面；钟楼台基顶各水平方向振动幅值均大于台基底，最大速度幅值为2.69×10^{-5}m/s，为水平南北向振动。竖直方向振动最大速度幅值为4.87×10^{-5}m/s，位于台基南侧隔离带；钟楼台基顶竖直方向振动幅值大于台基底，最大速度幅值为2×10^{-5}m/s。

（8）在地铁单南离站荷载激励下：水平方向振动最大速度幅值为3.45×10^{-5}m/s，位于台基南侧隔离带；钟楼台基顶各水平方向振动幅值均大于台基底，最大速度幅值为2.79×10^{-5}m/s，为水平南北向振动。竖直方向振动最大速度幅值为4.97×10^{-5}m/s，位于台基南侧隔离带；钟楼台基顶竖直方向振动幅值大于台基底，最大速度幅值为2.63×10^{-5}m/s。

（9）在地铁双向进站荷载激励下，水平方向振动最大速度幅值为2.15×10^{-5}m/s，位于台基顶，为水平南北向振动。竖直方向振动最大速度幅值为 2.8×10^{-5}m/s，位于台基顶。

（10）在地铁双向离站荷载激励下，水平方向振动最大速度幅值为 9.29×10^{-5}m/s，位于台基南侧隔离带，为水平南北向振动。竖直方向振动最大速度幅值为 5.15×10^{-5}m/s，位于台基南侧隔离带。

（11）在地铁、交通荷载激励下，钟楼木结构最大速度幅值为 0.13mm/s，为水平东西向振动，位于上一横梁，小于现行国家标准《古建筑防工业振动技术规范》GB/T 50452 第 3.2.2 条中 0.18mm/s 的限值要求。在地铁、交通、人群荷载激励下，钟楼木结构最大速度幅值为 0.2mm/s，为水平东西向振动，位于上三横梁，大于现行国家标准《古建筑防工业振动技术规范》GB/T 50452 第 3.2.2 条中 0.18mm/s 的限值要求。在荷载激励下，钟楼台基水平最大振动幅值在地铁双离站工况下产生，值为 0.09mm/s，小于现行国家标准《古建筑防工业振动技术规范》GB/T 50452 第 3.2.1 条中 0.15mm/s 的限值要求。

第 7 章　西安钟楼本体木构架位形状态检测

7.1　测绘目的和要求

充分发挥三维激光扫描技术的非接触、高精度、高度数字化等特性，实现可见柱网的垂直与倾斜偏移数据获取。要求能够准确记录柱网的尺寸位置等信息，清晰反映出 x、y、z 轴向的偏移方向与偏移量。

7.2　测区地理位置及周边环境

项目位于西安市主城区中心区域，周边视野较为开阔，但交通繁忙，通视受行人、车辆影响较为严重，测绘本体为旅游单位，装饰（如旗帜、灯笼）环绕，且游人众多，难以实现封闭式测绘，测绘条件较差。

7.3　技术方法

在测绘过程中，主要以地面三维激光扫描技术获取数据为主，该技术是基于地面固定站的一种通过发射激光获取被测物体表面三维坐标、反射光强度等多种信息的非接触式主动测量技术，形成以离散、不规则方式分布在三维空间中的密集点数据即点云数据。

以设计方案为基础，结合现场实际情况进行合理布设站点，获取可见柱网数据，将该数据进行去噪、过滤、拼接注册，形成柱网高精度三维点云数据。在获取柱脚、柱头截面数据的基础上，逐一对截面数据进行比对分析，获取柱头相对于柱脚的中心点偏移方向与偏移量，以及柱脚柱头的垂直偏移量。

7.4　安全保障措施

（1）当温度过高或过低时设备会弹出报警窗口，应及时采取对应措施。

（2）作业时，应避免人眼直视激光发射头。

（3）作业时，仪器必须有人驻守，防止仪器倾倒。

7.5　作业过程

7.5.1　数据采集

1. 采集内容

可见柱网信息以及其可见形貌信息。

2. 站点布设

选择视野开阔、地面稳定的安全区域布设站点，依据采集区域调整站点与被测物距离，确保站点与主体测量区域夹角小于60°，在保证数据精度与完整度并尽可能减少补站的条件下，累计布设站点218站，分别位于室内外不同距离、不同角度以及周边区域。

扫描站点布置由远及近总览图如图7.5-1～图7.5-3所示。

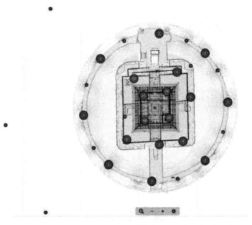

图 7.5-1　总览图 1（盘道周边）

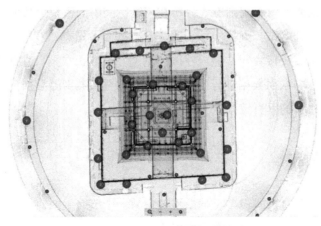

图 7.5-2　总览图 2（钟楼及周边）

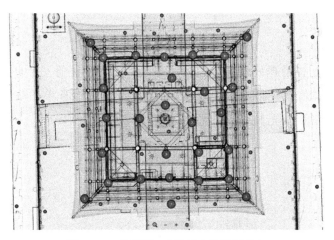

图 7.5-3　总览图 3（钟楼本体及周边）

3. 参数设置

点云数据精度与点云中相邻两点之间的空间距离通常称为点间距，受扫描站点与被测物表面距离影响，在点间距保持在 5mm 左右的情况下，详细参数设置见表 7.5-1。

钟楼测绘参数表　　　　　　　　　　　　　　　　表 7.5-1

站点与被测物距离	15m	30m	80m
扫描分辨率	1/4	1/2	1/1
扫描质量	4X	4X	4X
彩色扫描	开启	开启	开启
垂直扫描范围	−60°～90°	−60°～90°	−60°～90°
水平扫描范围	依据被测物范围调整	依据被测物范围调整	依据被测物范围调整
测光模式	地平线加权测光	地平线加权测光	地平线加权测光
倾角仪	打开	打开	打开
罗盘	打开	打开	打开
高度计	打开	打开	打开
GPS	打开	打开	打开

为节省数据采集时间，在确保数据完整的前提下，调整扫描仪水平扫描范围，拐角站点水平扫描范围 120°，正面站点水平扫描范围 180°。

4. 数据采集

（1）按照要求布设扫描站点并设置扫描参数。

（2）相邻扫描站点之间有效点云的重叠度不低于 30%，困难区域不低于 15%。

（3）根据项目名称、扫描日期、扫描站号命名扫描站点。

7.5.2 数据处理

地面三维激光扫描数据处理主要包含了导入、处理、注册三个环节。通过对原始点云数据进行加载、降噪、图像数据处理、彩色点云制作，保证单站精度优于 5mm，整体精度优于 50mm。三维激光扫描点云数据处理流程如图 7.5-4 所示，注册报告如图 7.5-5 所示。

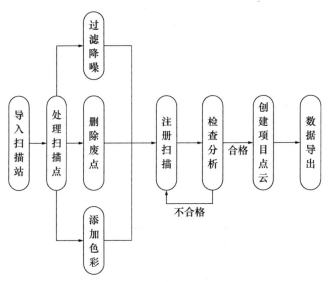

图 7.5-4　三维激光扫描点云数据处理流程图

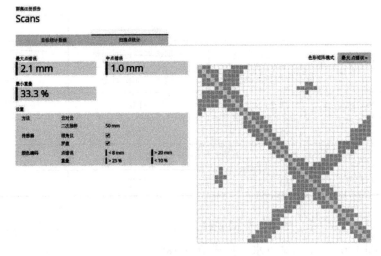

图 7.5-5　注册报告

7.5.3 数据清洗

由于本次采集区域为旅游单位，游客众多，且本体装饰环绕，多为旗帜、灯笼等物品，易受自然环境如风等的影响而发生变化，严重干扰采集精度与完整度。

点云数据清洗主要涉及自动清洗和手动清洗，须对各种干扰数据进行剔除，以保证数据本身的精确度与美观性，本次数据清洗难度大、耗时长，采用逐站清洗，是本次工作耗时最久的一个环节。

7.5.4 数据分析

来源于地面三维激光扫描仪处理后的数据，柱脚、柱头截面数据是该分析过程中的主要数据依据。对柱网各部位进行切片，形成截面，通过分析截面数据，获取对应偏析方向与偏移量，形成对应分析图表。

一层柱脚轴网布置如图 7.5-6 所示，一层柱头轴网布置如图 7.5-7 所示；二层柱脚轴网布置如图 7.5-8 所示，二层柱头轴网布置如图 7.5-9 所示，金顶柱轴网布置如图 7.5-10 所示。

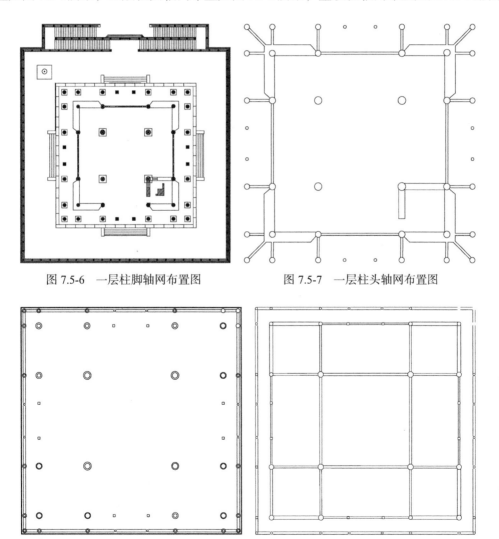

图 7.5-6　一层柱脚轴网布置图　　　　图 7.5-7　一层柱头轴网布置图

图 7.5-8　二层柱脚轴网布置图　　　　图 7.5-9　二层柱顶轴网布置图

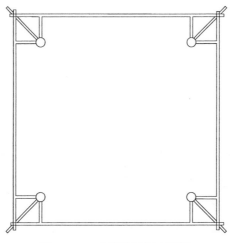

图 7.5-10　金顶柱轴网布置图

7.6　分析成果

7.6.1　3D 柱网分布

根据三维激光扫描数据生成钟楼柱子位置关系轴测图如图 7.6-1 所示，柱网俯视图如图 7.6-2 所示。

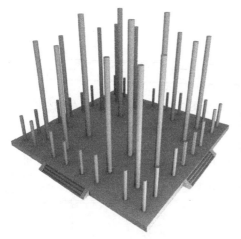

图 7.6-1　柱网轴测图

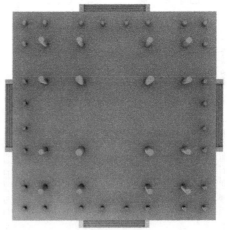

图 7.6-2　柱网俯视图（透视）

7.6.2　正射影像

三维激光扫描正射影像将扫描结果分层呈现，图 7.6-3 为钟楼一层正射影像，图 7.6-4 为钟楼二层正射影像，图 7.6-5 为钟楼一层仰视正射影像，图 7.6-6 为钟楼二层仰视正射影像，图 7.6-7 为钟楼俯视正射影像，图 7.6-8 为钟楼北立面正射影像，图 7.6-9 为钟楼横剖面正射影像。

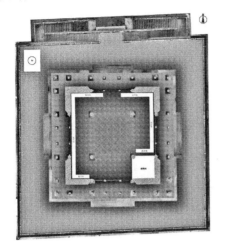

图 7.6-3　钟楼一层正射影像

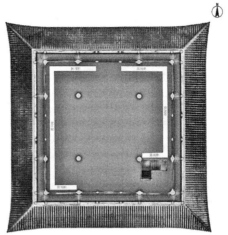

图 7.6-4　钟楼二层正射影像

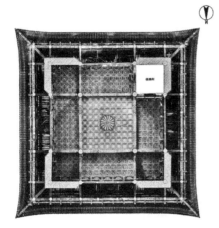

图 7.6-5　钟楼一层仰视正射影像

图 7.6-6　钟楼二层仰视正射影像

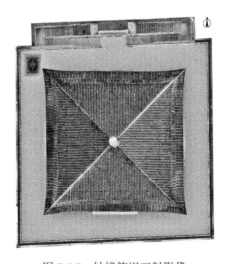

图 7.6-7　钟楼俯视正射影像

图 7.6-8 钟楼北立面正射影像

图 7.6-9 钟楼横剖面正射影像

7.6.3 倾斜偏移分析

对各个柱的倾斜偏移进行测量，将测量结果标注于柱网平面图上，记录结果如图7.6-10、图 7.6-11 所示。

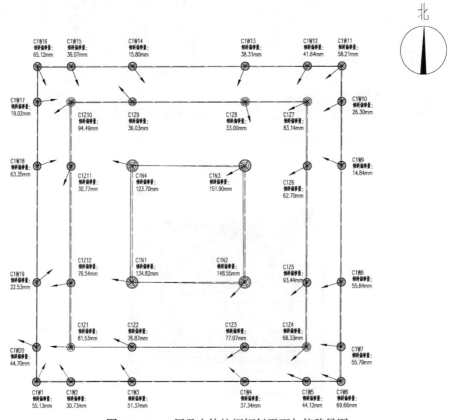

图 7.6-10 一层及主体柱框倾斜平面与偏移量图

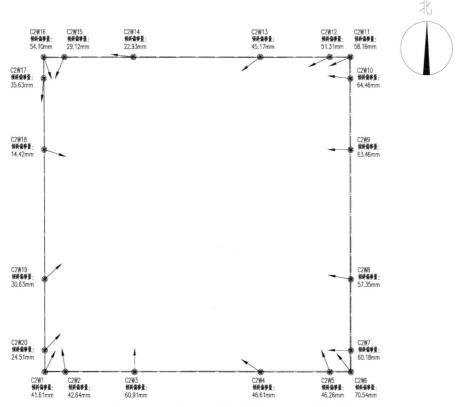

图 7.6-11　二层及主体柱框倾斜平面与偏移量图

7.6.4　垂直偏移分析

对各个柱的垂直偏移数据进行整理，将垂直偏移数据绘制成曲线，副阶檐柱垂直偏移曲线如图 7.6-12 所示，老檐柱垂直偏移曲线如图 7.6-13 所示，内金柱垂直偏移曲线如图 7.6-14 所示。

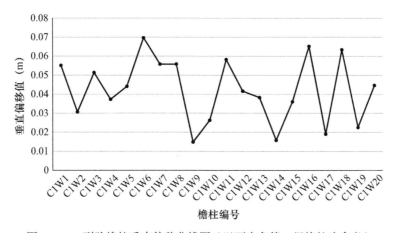

图 7.6-12　副阶檐柱垂直偏移曲线图（以西南角第一根檐柱为参考）

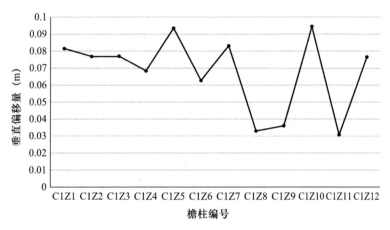

图 7.6-13　老檐柱垂直偏移曲线（以西南角第一根檐柱为参考）

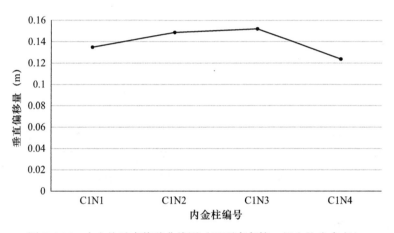

图 7.6-14　内金柱垂直偏移曲线图（以西南角第一根金柱为参考）

7.7　分析结论

7.7.1　倾斜偏移分析

（1）副阶檐柱普遍朝西侧倾斜，柱头至柱脚最大倾斜偏移量 69.66mm，为 C1W6（即东南角副阶檐柱），其中 C1W20 出现外倾现象，方向西北侧，倾斜偏移量 44.70mm。

（2）老檐柱普遍朝西侧倾斜，柱头至柱脚最大倾斜偏移量 94.49mm，为 C1Z10（即西北角老檐柱），其中 C1Z1、C1Z3、C1Z4、C1Z9、C1Z10、C1Z12 出现外倾现象，最大倾斜偏移量 94.49mm。

（3）内金柱普遍朝西侧倾斜，柱头至柱脚最大倾斜偏移量 151.90mm，为 C1N3（即东北角内金柱），除 C1N3 外，其余三根内金柱均出现外倾现象，方向西侧，最大倾斜偏移量 148.55mm。

7.7.2 垂直偏移分析

（1）副阶檐柱垂直方向出现西低东高现象，以 C1W1（西南角副阶檐柱）为参考，最大垂直偏移量 60mm，为 C1W11（东北角副阶檐柱），其中西侧副阶檐柱出现下沉现象，最大偏移量 -30mm。

（2）老檐柱垂直方向出现西低东高现象，以 C1Z1（西南角老檐柱）为参考，最大垂直偏移量 60mm，为 C1Z4（东南角老檐柱），其中西侧檐柱出现下沉现象，最大偏移量 -70mm，为 C1Z12（西南角老檐柱）。

（3）内金柱柱脚区域平稳，以 C1N1（西南角内金柱）为参考，柱头受倾斜偏移量与角度影响，向西侧偏移。

（4）柱网倾斜偏移与垂直偏移数据显示，建筑本体向西侧倾斜，底部垂直偏移 70～80mm，顶部倾斜偏移不小于金柱最大倾斜偏移量 151.9mm。

第8章 西安钟楼本体木构架沉降变形监测

8.1 测点布置

按照西安钟楼的构造特点，在本体柱础石处共布置沉降观测点 16 个（CJ2-1～CJ2-16）。根据现行行业标准《建筑变形测量规范》JGJ 8 的具体要求，基准点布置在变形影响范围以外且稳定、易于长期保存、通视良好、无外界干扰的位置。结合本测区实际情况，为便于变形观测作业以及基准点间的相互校核，在西安钟楼台基顶面共布置 4 个基准点，编号依次为 BM1～BM4。4 个基准点组成闭合环，建立独立高程系统。沉降观测点及基准点、工作点布置示意图如图 8.1-1 所示。

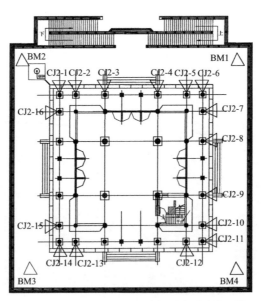

图 8.1-1 西安钟楼承重木构架沉降监测布置点

8.2 沉降观测技术要求

沉降观测按照国家二等水准要求进行监测，固定测站进行闭合线路测量，电子水准仪可自动进行平差处理，得出各测点本次沉降差及累计沉降量。内业计算时，各测点监测值与初始值比较，复核累计变化量，与上次高程比较计算本次变化量。

每次观测前均应对基准点进行联测检校，确定其点位稳定可靠后，才对观测点进行观测。基准点联测及变形观测均应组成闭合水准路线。

8.3　观测仪器

变形观测采用水准测量的方法，所用仪器为水准仪配合精密铟钢水准尺如图 8.3-1 所示，水准仪外形如图 8.3-2 所示，其标称精度为：±0.3mm。

图 8.3-1　精密铟钢水准尺

图 8.3-2　电子水准仪

8.4　承重构件各测点沉降变形观测成果

西安钟楼承重木构架的沉降变形观测起止时间为 2021 年 7 月 26 日～2022 年 4 月 17 日，共进行了 10 次观测，表 8.4-1 给出了西安钟楼承重木构架 16 个沉降观测点的详细观测数据，图 8.4-1～图 8.4-16 给出了西安钟楼承重木构架的 16 个沉降观测点时间—累计沉降变形时程曲线图。

西安钟楼承重木构架沉降观测结果（1）　　　　　　　表 8.4-1

次数	观测点号	CJ2-1			CJ2-2		
	观测日期	高程（mm）	沉降量（mm）		高程（mm）	沉降量（mm）	
			本次	累计		本次	累计
1	2021-7-26	722.46	0.00	0.00	734.32	0.00	0.00
2	2021-8-24	722.07	−0.39	−0.39	734.87	0.55	0.55
3	2021-9-13	722.13	0.06	−0.33	734.73	−0.14	0.41

续表

次数	观测点号 观测日期	CJ2-1 高程（mm）	沉降量（mm） 本次	累计	CJ2-2 高程（mm）	沉降量（mm） 本次	累计
4	2021-10-13	722.06	−0.07	−0.40	734.97	0.24	0.65
5	2021-11-12	722.03	−0.03	−0.43	735.34	0.37	1.02
6	2022-1-26	721.28	−0.75	−1.18	734.14	−1.20	−0.18
7	2022-2-11	722.10	0.82	−0.36	734.76	0.62	0.44
8	2022-3-13	721.85	−0.25	−0.61	734.70	−0.06	0.38
9	2022-4-2	721.87	0.02	−0.59	734.20	−0.50	−0.12
10	2022-4-17	722.04	0.17	−0.42	734.11	−0.09	−0.21
累计沉降速率（mm/d）		−0.00158			−0.00079		

西安钟楼承重木构架沉降观测结果（2）　　　　　表 8.4-2

次数	观测点号 观测日期	CJ2-3 高程（mm）	沉降量（mm） 本次	累计	CJ2-4 高程（mm）	沉降量（mm） 本次	累计
1	2021-7-26	728.32	0.00	0.00	759.48	0.00	0.00
2	2021-8-24	728.80	0.48	0.48	759.51	0.03	0.03
3	2021-9-13	728.79	−0.01	0.47	759.47	−0.04	−0.01
4	2021-10-13	728.70	−0.09	0.38	759.69	0.22	0.21
5	2021-11-12	728.59	−0.11	0.27	759.49	−0.20	0.01
6	2022-1-26	727.47	−1.12	−0.85	759.00	−0.49	−0.48
7	2022-2-11	727.91	0.44	−0.41	758.26	−0.74	−1.22
8	2022-3-13	728.09	0.18	−0.23	759.74	1.48	0.26
9	2022-4-2	727.85	−0.24	−0.47	758.72	−1.02	−0.76
10	2022-4-17	727.84	−0.01	−0.48	758.86	0.14	−0.62
累计沉降速率（mm/d）		−0.00181			−0.00234		

西安钟楼承重木构架沉降观测结果（3）　　　　　表 8.4-3

次数	观测点号 观测日期	CJ2-5 高程（mm）	沉降量（mm） 本次	累计	CJ2-6 高程（mm）	沉降量（mm） 本次	累计
1	2021-7-26	754.38	0.00	0.00	754.69	0.00	0.00
2	2021-8-24	754.14	−0.24	−0.24	754.73	0.04	0.04
3	2021-9-13	754.17	0.03	−0.21	754.82	0.09	0.13

续表

次数	观测点号 观测日期	CJ2-5			CJ2-6		
		高程（mm）	沉降量（mm）		高程（mm）	沉降量（mm）	
			本次	累计		本次	累计
4	2021-10-13	754.68	0.51	0.30	755.13	0.31	0.44
5	2021-11-12	754.64	−0.04	0.26	755.43	0.30	0.74
6	2022-1-26	754.64	0.00	0.26	755.75	0.32	1.06
7	2022-2-11	754.69	0.05	0.31	755.13	−0.62	0.44
8	2022-3-13	754.67	−0.02	0.29	753.82	−1.31	−0.87
9	2022-4-2	754.34	−0.33	−0.04	754.74	0.92	0.05
10	2022-4-17	753.74	−0.60	−0.64	754.71	−0.03	0.02
累计沉降速率（mm/d）		−0.00242			0.00008		

西安钟楼承重木构架沉降观测结果（4） 表 8.4-4

次数	观测点号 观测日期	CJ2-7			CJ2-8		
		高程（mm）	沉降量（mm）		高程（mm）	沉降量（mm）	
			本次	累计		本次	累计
1	2021-7-26	760.84	0.00	0.00	757.83	0.00	0.00
2	2021-8-24	757.06	0.00	0.00	757.18	−0.65	−0.65
3	2021-9-13	757.19	0.13	0.13	757.25	0.07	−0.58
4	2021-10-13	757.36	0.17	0.30	757.47	0.22	−0.36
5	2021-11-12	757.43	0.07	0.37	757.17	−0.30	−0.66
6	2022-1-26	756.87	−0.56	−0.19	756.51	−0.66	−1.32
7	2022-2-11	757.29	0.42	0.23	757.31	0.80	−0.52
8	2022-3-13	757.95	0.66	0.89	757.10	−0.21	−0.73
9	2022-4-2	757.74	−0.21	0.68	756.63	−0.47	−1.20
10	2022-4-17	757.62	−0.12	0.56	757.64	1.01	−0.19
累计沉降速率（mm/d）		0.00211			−0.00072		

西安钟楼承重木构架沉降观测结果（5） 表 8.4-5

次数	观测点号 观测日期	CJ2-9			CJ2-10		
		高程（mm）	沉降量（mm）		高程（mm）	沉降量（mm）	
			本次	累计		本次	累计
1	2021-7-26	751.75	0.00	0.00	753.43	0.00	0.00
2	2021-8-24	751.20	−0.55	−0.55	753.90	0.47	0.47
3	2021-9-13	751.23	0.03	−0.52	753.69	−0.21	0.26

次数	观测点号 观测日期	CJ2-9 高程（mm）	沉降量（mm）本次	沉降量（mm）累计	CJ2-10 高程（mm）	沉降量（mm）本次	沉降量（mm）累计
4	2021-10-13	751.30	0.07	−0.45	753.71	0.02	0.28
5	2021-11-12	751.04	−0.26	−0.71	753.49	−0.22	0.06
6	2022-1-26	751.22	0.18	−0.53	753.92	0.43	0.49
7	2022-2-11	751.15	−0.07	−0.60	754.06	0.14	0.63
8	2022-3-13	751.54	0.39	−0.21	754.29	0.23	0.86
9	2022-4-2	751.47	−0.07	−0.28	753.38	−0.91	−0.05
10	2022-4-17	751.48	0.01	−0.27	753.44	0.06	0.01
累计沉降速率（mm/d）		−0.00102			0.0004		

西安钟楼承重木构架沉降观测结果（6）　　　　　表 8.4-6

次数	观测点号 观测日期	CJ2-11 高程（mm）	沉降量（mm）本次	沉降量（mm）累计	CJ2-12 高程（mm）	沉降量（mm）本次	沉降量（mm）累计
1	2021-7-26	753.10	0.00	0.00	746.62	0.00	0.00
2	2021-8-24	753.50	−0.40	−0.40	746.98	0.36	0.36
3	2021-9-13	753.18	0.32	−0.08	746.76	−0.22	0.14
4	2021-10-13	753.42	−0.24	−0.32	746.74	−0.02	0.12
5	2021-11-12	753.04	0.38	0.06	746.89	0.15	0.27
6	2022-1-26	753.79	−0.75	−0.69	747.10	0.21	0.48
7	2022-2-11	753.82	−0.03	−0.72	747.07	−0.03	0.45
8	2022-3-13	754.06	−0.24	−0.96	747.29	0.22	0.67
9	2022-4-2	753.09	0.97	0.01	746.34	−0.95	−0.28
10	2022-4-17	753.18	−0.09	−0.08	746.51	0.17	−0.11
累计沉降速率（mm/d）		−0.00030			−0.00042		

西安钟楼承重木构架沉降观测结果（7）　　　　　表 8.4-7

次数	观测点号 观测日期	CJ2-13 高程（mm）	沉降量（mm）本次	沉降量（mm）累计	CJ2-14 高程（mm）	沉降量（mm）本次	沉降量（mm）累计
1	2021-7-26	721.62	0.00	0.00	754.54	0.00	0.00
2	2021-8-24	721.77	0.15	0.15	754.00	−0.54	−0.54
3	2021-9-13	721.60	−0.17	−0.02	754.13	0.13	−0.41

续表

次数	观测点号	CJ2-13			CJ2-14		
	观测日期	高程（mm）	沉降量（mm）		高程（mm）	沉降量（mm）	
			本次	累计		本次	累计
4	2021-10-13	721.70	0.10	0.08	753.74	−0.39	−0.80
5	2021-11-12	721.57	−0.13	−0.05	753.47	−0.27	−1.07
6	2022-1-26	720.89	−0.68	−0.73	753.52	0.05	−1.02
7	2022-2-11	721.56	0.67	−0.06	753.27	−0.25	−1.27
8	2022-3-13	721.63	0.07	0.01	753.43	0.16	−1.11
9	2022-4-2	720.95	−0.68	−0.67	753.37	−0.06	−1.17
10	2022-4-17	720.89	−0.06	−0.73	754.02	0.65	−0.52
累计沉降速率（mm/d）		−0.00275			−0.00196		

西安钟楼承重木构架沉降观测结果（8）　　　　　表 8.4-8

次数	观测点号	CJ2-15			CJ2-16		
	观测日期	高程（mm）	沉降量（mm）		高程（mm）	沉降量（mm）	
			本次	累计		本次	累计
1	2021-7-26	730.51	0.00	0.00	759.83	0.00	0.00
2	2021-8-24	731.60	1.09	1.09	759.93	0.10	0.10
3	2021-9-13	731.82	0.22	1.31	759.73	−0.20	−0.10
4	2021-10-13	731.26	−0.56	0.75	759.43	−0.30	−0.40
5	2021-11-12	731.24	−0.02	0.73	759.27	−0.16	−0.56
6	2022-1-26	731.04	−0.20	0.53	759.31	0.04	−0.52
7	2022-2-11	731.26	0.22	0.75	759.84	0.53	0.01
8	2022-3-13	730.74	−0.52	0.23	759.34	−0.50	−0.49
9	2022-4-2	730.85	0.11	0.34	759.14	−0.20	−0.69
10	2022-4-17	729.86	−0.99	−0.65	759.54	0.40	−0.29
累计沉降速率（mm/d）		−0.00245			−0.00109		

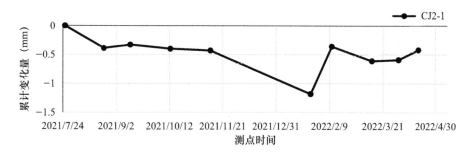

图 8.4-1　CJ2-1 测点时间—累计沉降变形曲线

图 8.4-2　CJ2-2 测点时间—累计沉降变形曲线

图 8.4-3　CJ2-3 测点时间—累计沉降变形曲线

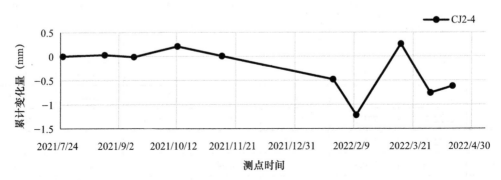

图 8.4-4　CJ2-4 测点时间—累计沉降变形曲线

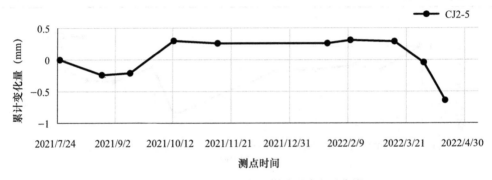

图 8.4-5　CJ2-5 测点时间—累计沉降变形曲线

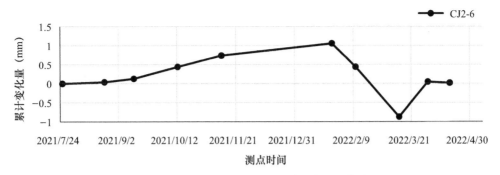

图 8.4-6 CJ2-6 测点时间—累计沉降变形曲线

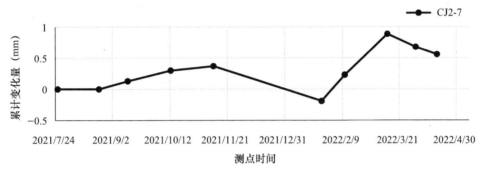

图 8.4-7 CJ2-7 测点时间—累计沉降变形曲线

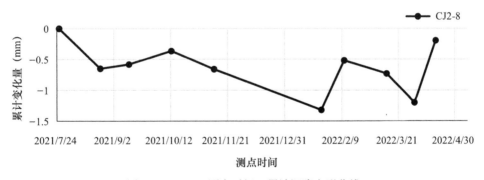

图 8.4-8 CJ2-8 测点时间—累计沉降变形曲线

图 8.4-9 CJ2-9 测点时间—累计沉降变形曲线

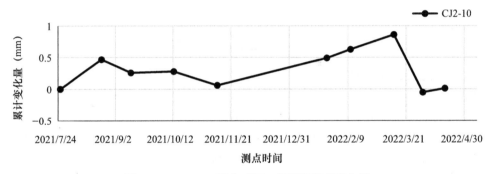

图 8.4-10　CJ2-10 测点时间—累计沉降变形曲线

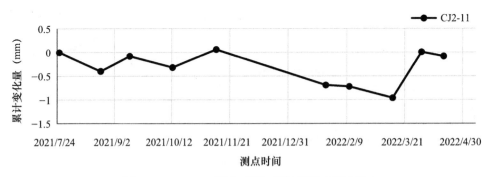

图 8.4-11　CJ2-11 测点时间—累计沉降变形曲线

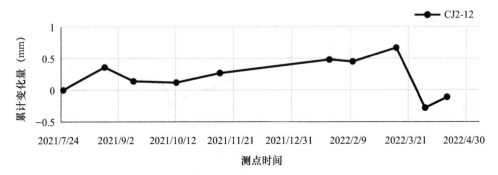

图 8.4-12　CJ2-12 测点时间—累计沉降变形曲线

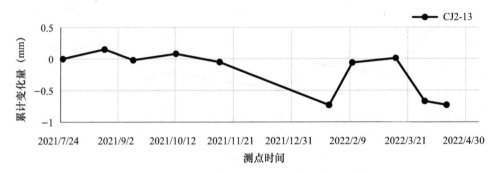

图 8.4-13　CJ2-13 测点时间—累计沉降变形曲线

图 8.4-14　CJ2-14 测点时间—累计沉降变形曲线

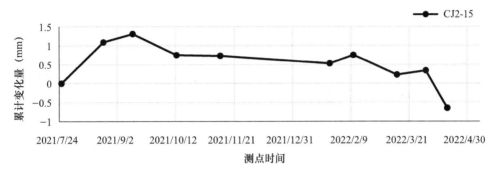

图 8.4-15　CJ2-15 测点时间—累计沉降变形曲线

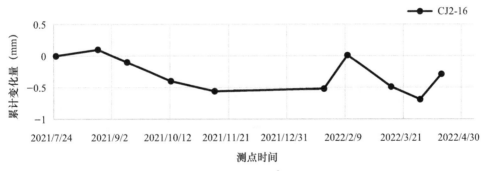

图 8.4-16　CJ2-16 测点时间—累计沉降变形曲线

8.5　承重构件不同轴线各测点沉降变形观测成果

为研究西安钟楼承重木构架各轴线观测点的沉降变形规律性，选取东西南北四个方向各测点沉降变形观测结果进行分析，西安钟楼承重木构架不同轴线各测点时间—累计沉降变形曲线如图 8.5-1 所示。

通过在 2021 年 7 月 26 日～2022 年 4 月 17 日期间，10 次对西安钟楼承重木构架进行沉降观测，测点位置如图 8.5-2 所示，各测点沉降值如图 8.5-3 所示，可得出：受检西安钟楼承重木构架在 265 天内的最大累计沉降量为 0.73mm（CJ2-13），该测点位于钟楼本体西南角附近（图 8.5-3），沉降速率为 0.00275mm/d；钟楼本体 CJ2-4、CJ2-5 和 CJ2-13、CJ2-14、CJ2-15 观测点的沉降速率分别为 0.00234mm/d、0.00242mm/d 和 0.00275mm/d、0.00196mm/d、0.00245mm/d，大于其余各测点的沉降速率，测点分别位于钟楼本体东北角和西南角附近（图 8.5-3），但钟楼承重木构架各测点沉降速率均远远小于现行行业标准《建筑变形测量规范》JGJ 8 中沉降速率不得高于 0.01～0.04mm/d 的规定；由 10.5 节不同轴线沉降观测对比曲线结果可得出，各轴线沉降变形情况不完全同步，各轴线沉降变形无明显一致性变形情况发生，说明西安钟楼承重木构架在结构本体及上部自重、行人荷载、地面交通振动、台基包砌土含水率影响等荷载和长期作用下的沉降量处于平稳状态，地基土变形均匀、稳定。

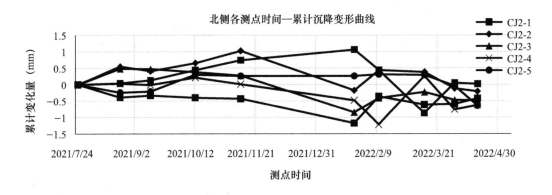

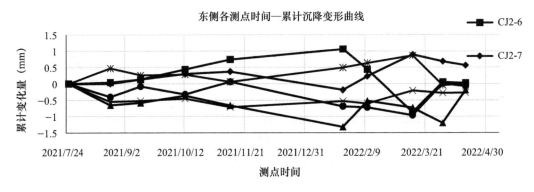

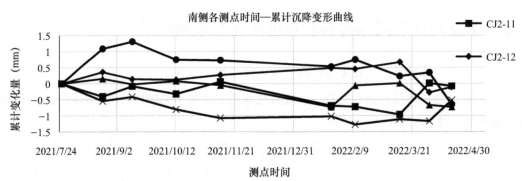

图 8.5-1 西安钟楼承重构件不同轴线各测点时间—累计沉降变形曲线

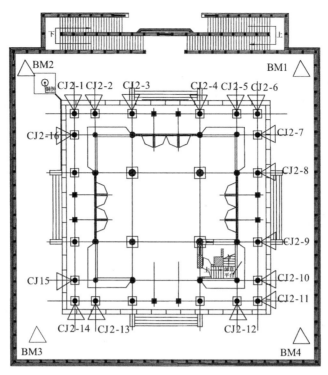

图 8.5-2 西安钟楼承重构件沉降监测布置图

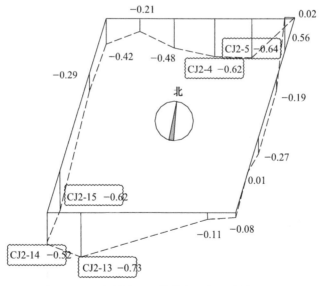

图 8.5-3 西安钟楼承重构件各测点沉降值示意图

第9章 西安钟楼本体木构架水平变形监测

9.1 检测点布置

为了解西安钟楼承重木构架在本体自重、行人荷载、地面交通振动及台基包砌土含水率变化影响等外部荷载长期作用下是否稳定，现场采用 JMQJ-7330ADY 型表面固定式测斜探头进行二维水平向位移自动监测，固定式测斜探头布置点如图 9.1-1、图 9.1-2 所示。

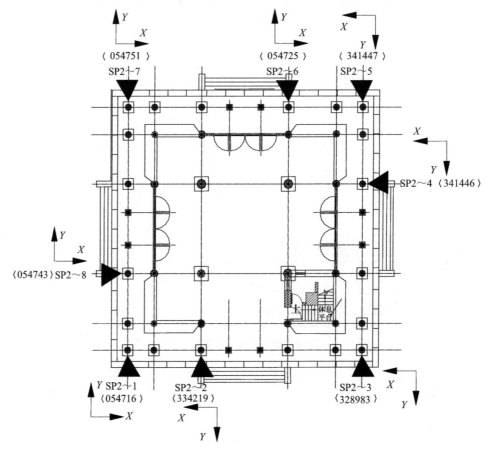

图 9.1-1 一层檐柱水平变形监测点布置图（↑北）

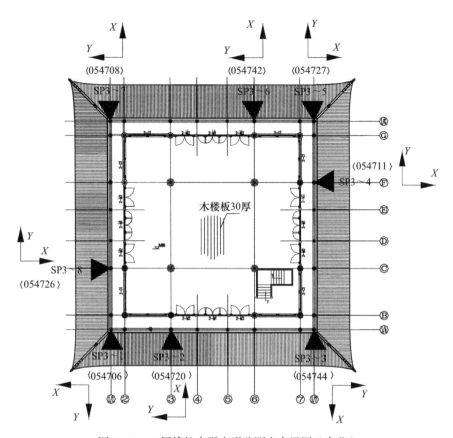

图 9.1-2 二层檐柱水平变形监测点布置图（↑北）

JMQJ-7330ADY 型表面固定式测斜探头（图9.1-3、图9.1-4）内部由角度敏感元件（双轴倾角传感器）以及智能电子芯片组成，由一个直径为 70mm、高度为 35mm 的金属圆筒封装，安置在一块厚 5mm 的长方形金属板之上，外部是一根四芯屏蔽线引出，其中，电源正极导线为红色，电源负极导线为浅色；通信线 A 级为深色，通信线 B 级为灰色。现场安装如图 9.1-5 所示。

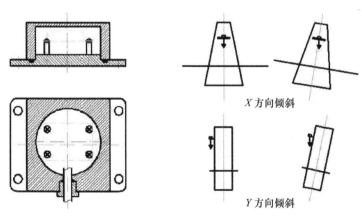

图 9.1-3 固定式测斜探头　　图 9.1-4 测斜仪工作原理图

图 9.1-5　仪器安装

固定式倾角探头安装在柱头上，当柱子发生变形时，测斜仪可以测量出木柱的两个垂直方向相对于重力轴线的倾角，使用安装位置的几何尺寸，即可以计算出木柱 X、Y 方向的变形量，从而达到监测木柱变形的目的。JMQJ-7330ADY 型表面固定式测斜探头的主要技术性能指标见表 9.1-1。

JMQJ-7330ADY 型表面固定式测斜探头主要性能指标　　　　　　表 9.1-1

仪器名称	JMQJ-7330ADY 型表面固定式测斜探头
测量范围	±30°
分辨率	0.008°
精度	0.1%
电气性能	＋12V 直流电，功耗 120mW
导线颜色定义	红——电源正，黄——电源负，蓝——通信 A，绿——通信 B
传感器尺寸	$\phi 70×35$，底座 96mm×75mm×5mm
传感器重量	0.6kg
使用环境	$-20\sim60℃$

2021 年 7 月 14 日～2022 年 3 月 15 日，现场自动采集数据采集频率为每小时一次，共提取 18d 的数据进行分析。

9.2　工况一：不同日期同一时刻监测檐柱倾斜变形变化规律

为研究各受监测木柱在 2021 年 7 月 14 日～2022 年 3 月 15 日期间的倾斜变形变化规律，选取每一监测日相同时刻的木柱倾斜变形情况进行分析，一层檐柱不同监测时间倾斜变化汇总曲线如图 9.2-1、图 9.2-2 所示。二层檐柱不同监测时间倾斜变化汇总曲线如图 9.2-3、图 9.2-4 所示。

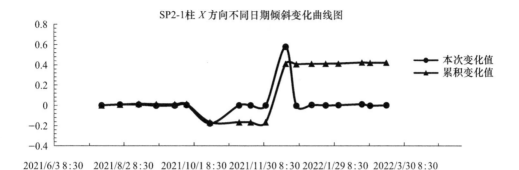

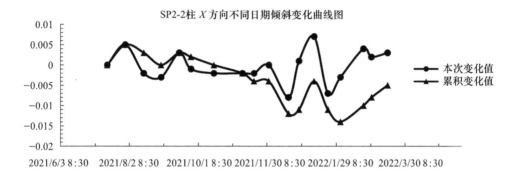

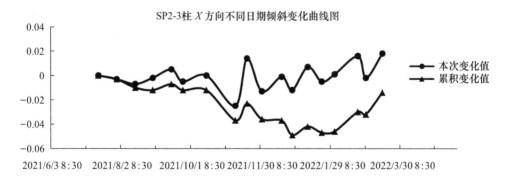

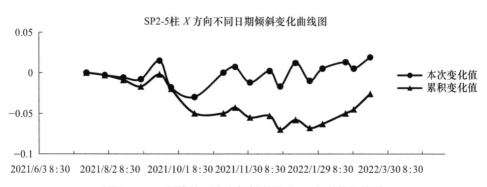

图 9.2-1　一层檐柱 X 方向倾斜变形（mm）变化规律图

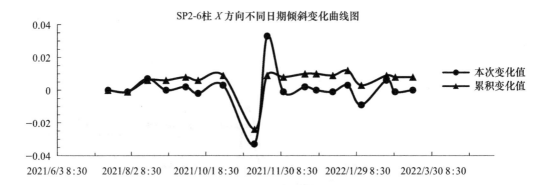

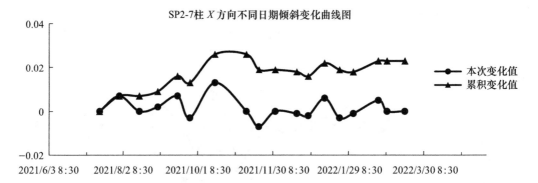

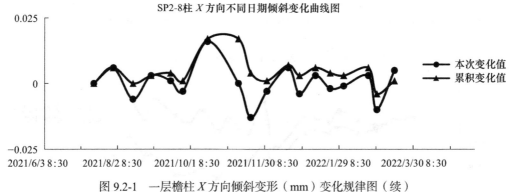

图 9.2-1　一层檐柱 *X* 方向倾斜变形（mm）变化规律图（续）

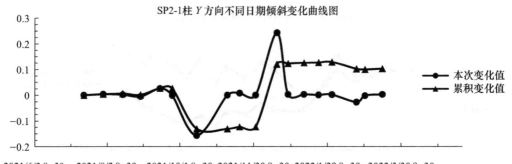

图 9.2-2　一层檐柱 *Y* 方向倾斜变形（mm）变化规律图

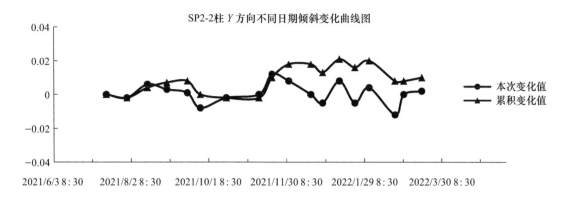

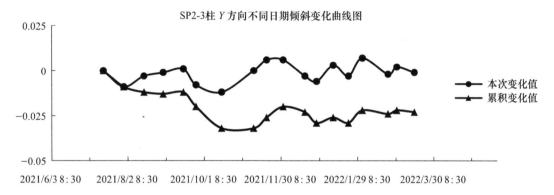

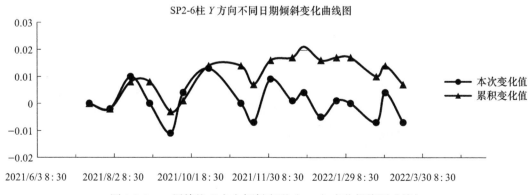

图 9.2-2　一层檐柱 Y 方向倾斜变形（mm）变化规律图（续）

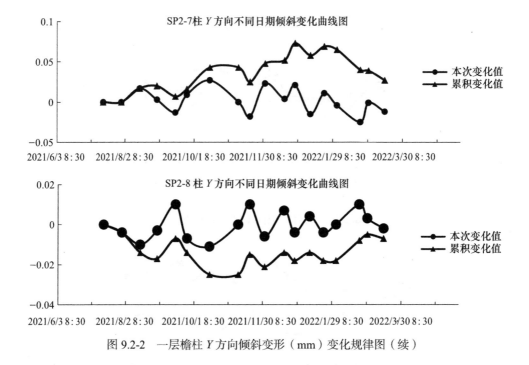

图 9.2-2　一层檐柱 Y 方向倾斜变形（mm）变化规律图（续）

由图 9.2-1、图 9.2-2 可以看出，在 2021 年 7 月 14 日～2022 年 3 月 15 日观测期间内，受监测一层檐柱 X 向（东西）累积倾斜变形较小，且无明显同向性变化规律，均处于稳定状态。在 244 天的观测期间内，受监测一层檐柱 Y 向（南北）累积倾斜变形较小，且无明显同向性变化规律，均处于稳定状态。

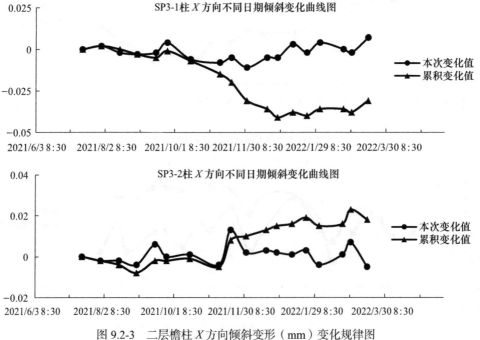

图 9.2-3　二层檐柱 X 方向倾斜变形（mm）变化规律图

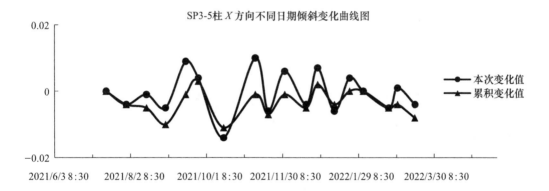

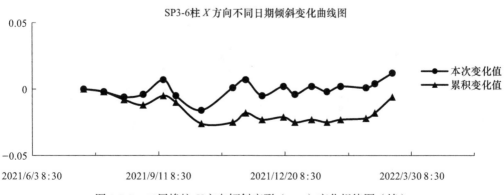

图 9.2-3　二层檐柱 X 方向倾斜变形（mm）变化规律图（续）

图 9.2-3 二层檐柱 X 方向倾斜变形（mm）变化规律图（续）

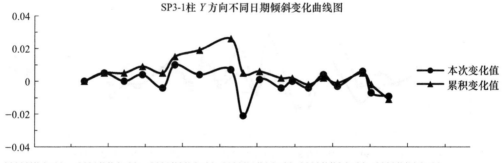

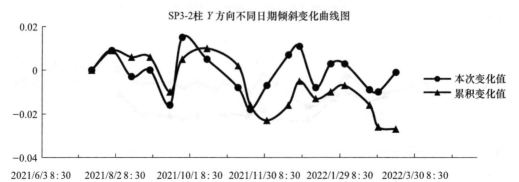

图 9.2-4 二层檐柱 Y 方向倾斜变形（mm）变化规律图

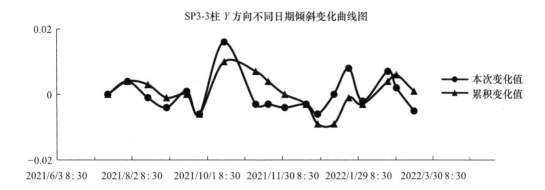

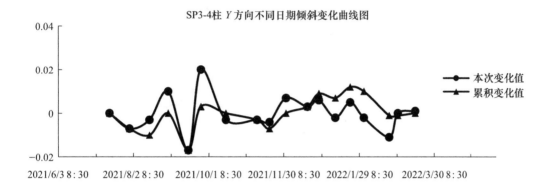

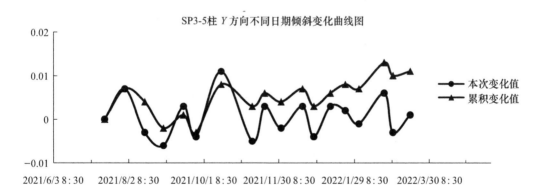

图 9.2-4　二层檐柱 Y 方向倾斜变形（mm）变化规律图（续）

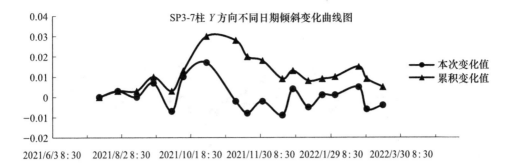

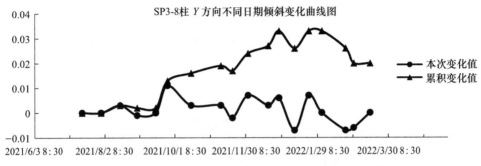

图 9.2-4　二层檐柱 Y 方向倾斜变形（mm）变化规律图（续）

由图 9.2-3、图 9.2-4 可以看出，在 2021 年 7 月 14 日～2022 年 3 月 15 日观测期间内，二层檐柱 X 方向累积倾斜变形较小，且无明显同向性变化规律，均处于稳定状态；二层檐柱 Y 方向累积倾斜变形较小，且无明显同向性变化规律，均处于稳定状态。

9.3　工况二：同一天不同时刻监测檐柱倾斜变形变化规律

为研究各受监测木柱在一天 24h 不同时刻的倾斜变形变化规律，选取每一监测日相同时刻的木柱倾斜变形情况进行分析，一层檐柱同一天不同时刻倾斜变化汇总曲线如图 9.3-1 所示，二层檐柱同一天不同时刻倾斜变化汇总曲线如图 9.3-2 所示。

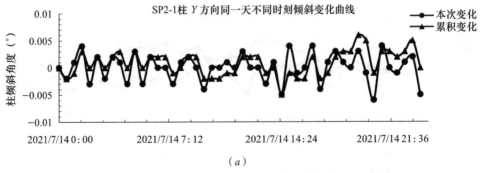

（a）

图 9.3-1　一层檐柱同一天不同时刻 X、Y 向木柱倾斜变化规律曲线

（a）2021.7.14　00：00～24：00

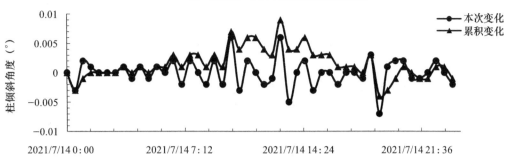

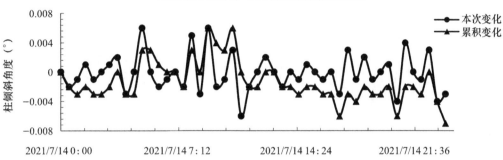

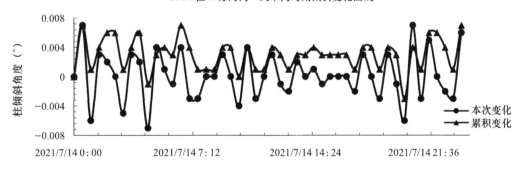

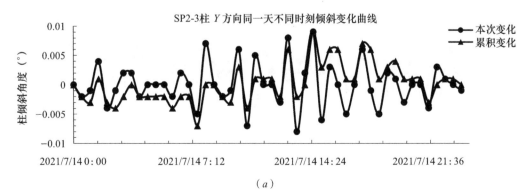

（a）

图 9.3-1 一层檐柱同一天不同时刻 X、Y 向木柱倾斜变化规律曲线

（a）2021.7.14 00：00～24：00

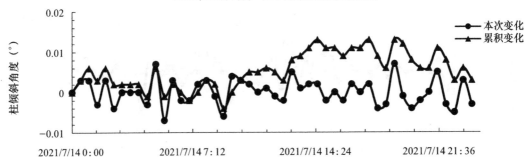

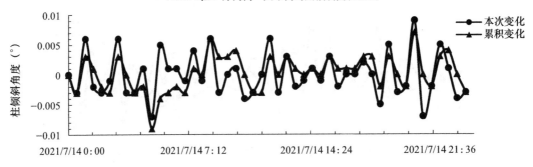

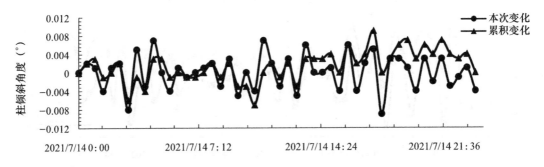

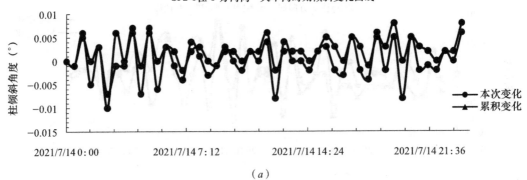

（a）

图 9.3-1　一层檐柱同一天不同时刻 X、Y 向木柱倾斜变化规律曲线（续）

（a）2021.7.14　00：00～24：00

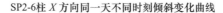

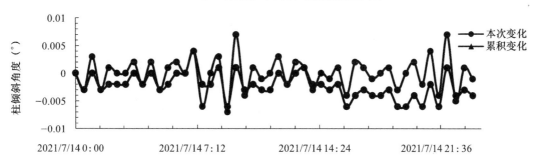

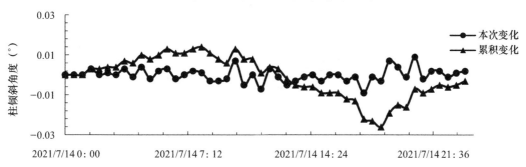

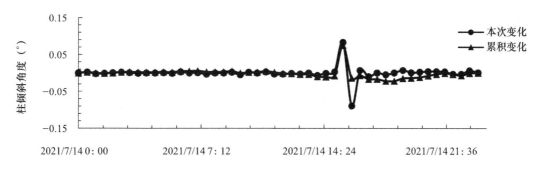

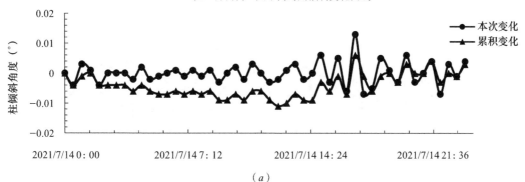

（a）

图 9.3-1　一层檐柱同一天不同时刻 X、Y 向木柱倾斜变化规律曲线（续）

（a）2021.7.14　00：00～24：00

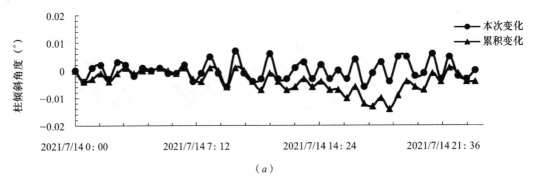

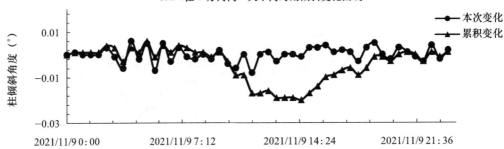

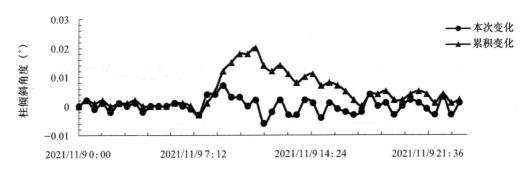

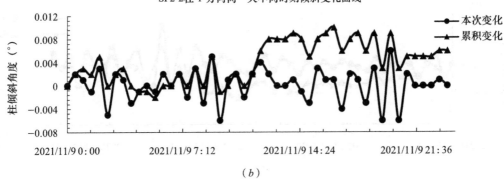

图 9.3-1　一层檐柱同一天不同时刻 X、Y 向木柱倾斜变化规律曲线（续）

（a）2021.7.14 00：00～24：00；（b）2021.11.9 00：00～24：00

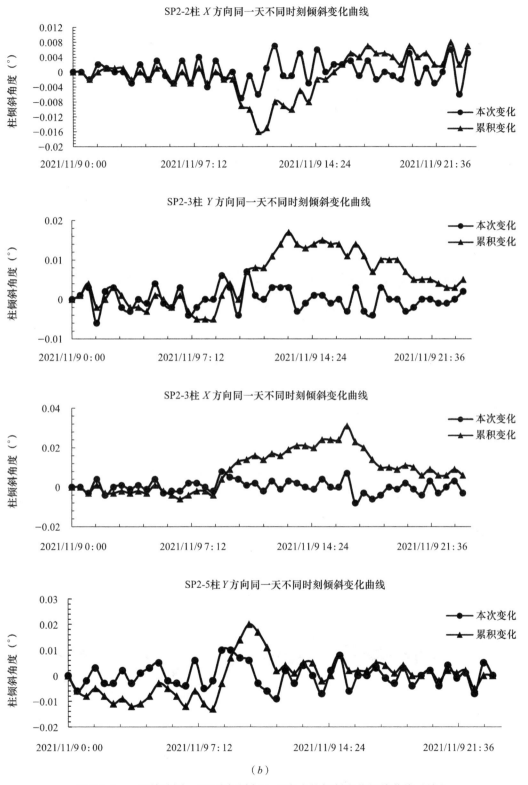

图 9.3-1　一层檐柱同一天不同时刻 X、Y 向木柱倾斜变化规律曲线（续）

（b）2021.11.9　00：00～24：00

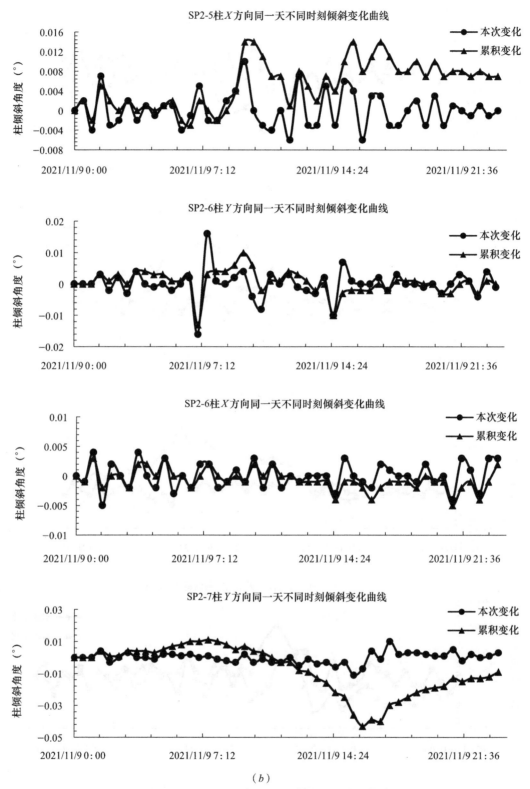

图 9.3-1　一层檐柱同一天不同时刻 X、Y 向木柱倾斜变化规律曲线（续）

（b）2021.11.9　00：00～24：00

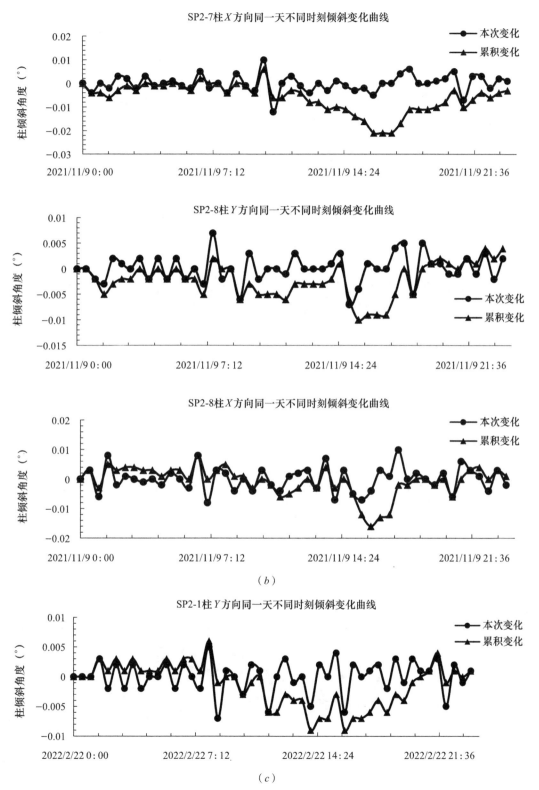

图 9.3-1　一层檐柱同一天不同时刻 X、Y 向木柱倾斜变化规律曲线（续）

（b）2021.11.9　00：00～24：00；（c）2022.2.22　00：00～24：00

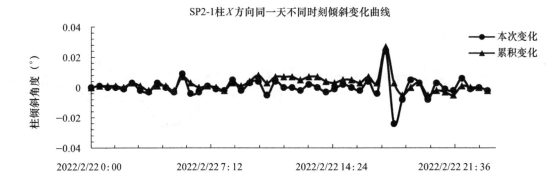

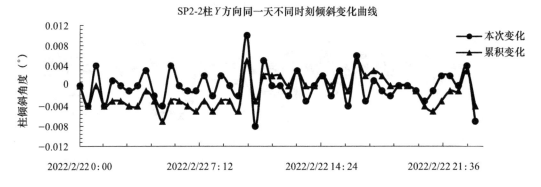

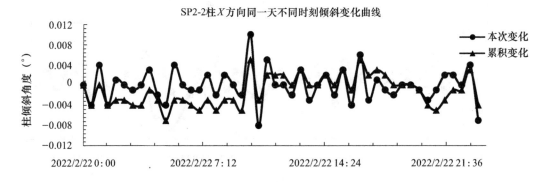

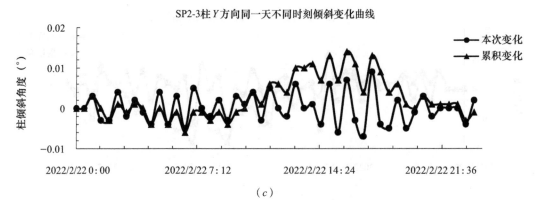

（c）

图 9.3-1　一层檐柱同一天不同时刻 X、Y 向木柱倾斜变化规律曲线（续）

（c）2022.2.22　00∶00～24∶00

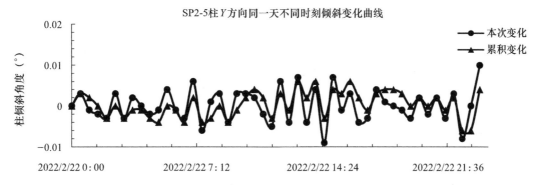

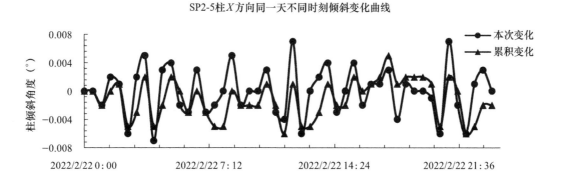

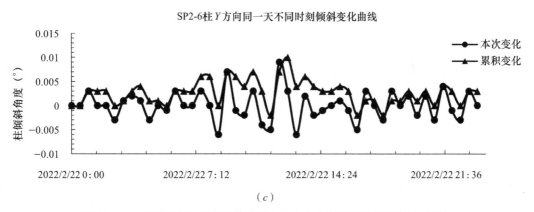

（c）

图 9.3-1　一层檐柱同一天不同时刻 X、Y 向木柱倾斜变化规律曲线（续）

（c）2022.2.22　00：00～24：00

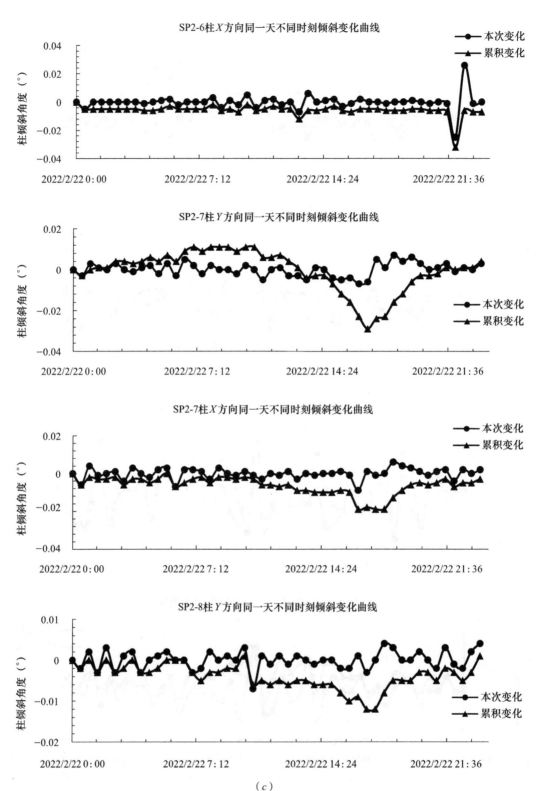

（c）

图 9.3-1　一层檐柱同一天不同时刻 X、Y 向木柱倾斜变化规律曲线（续）

（c）2022.2.22　00：00～24：00

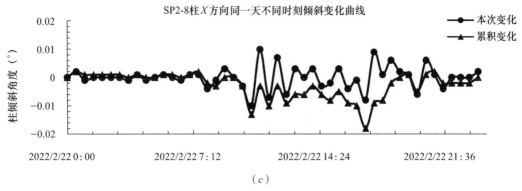

图 9.3-1　一层檐柱同一天不同时刻 *X*、*Y* 向木柱倾斜变化规律曲线（续）

（*c*）2022.2.22　00：00～24：00

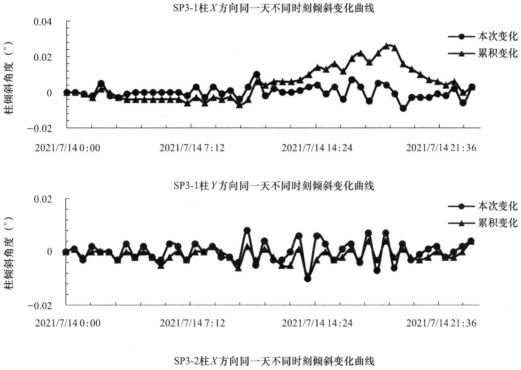

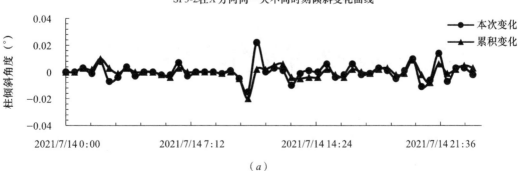

（*a*）

图 9.3-2　二层檐柱同一天不同时刻 *X*、*Y* 向木柱倾斜变化汇总曲线

（*a*）2021.7.14　00：00～24：00

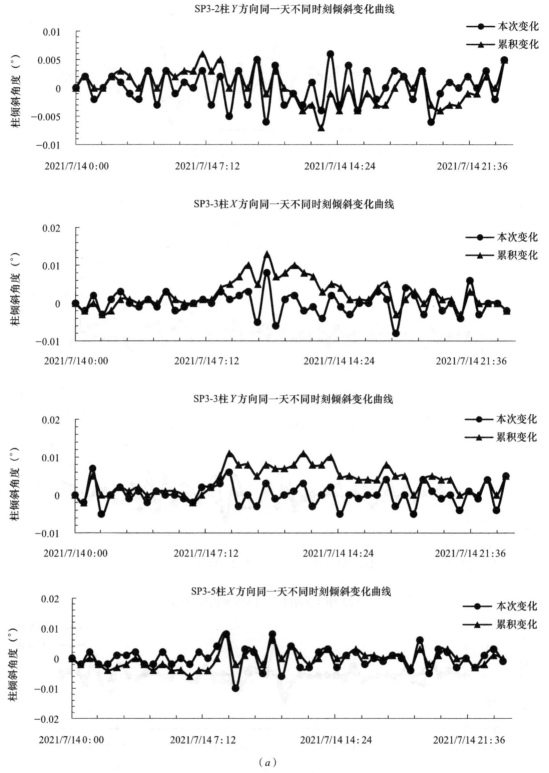

（a）

图 9.3-2 二层檐柱同一天不同时刻 X、Y 向木柱倾斜变化汇总曲线（续）

（a）2021.7.14 00：00～24：00

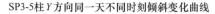

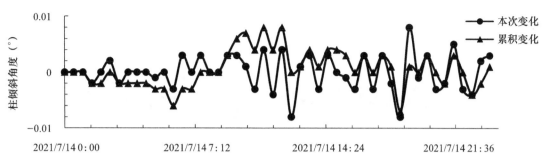

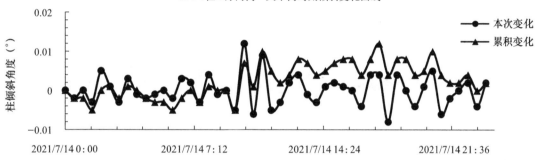

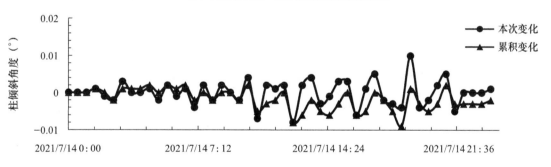

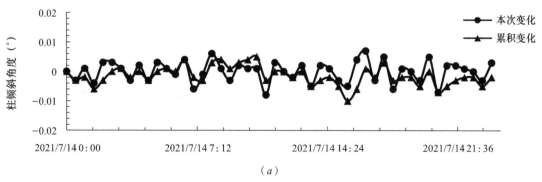

（a）

图 9.3-2　二层檐柱同一天不同时刻 X、Y 向木柱倾斜变化汇总曲线（续）

（a）2021.7.14　00：00～24：00

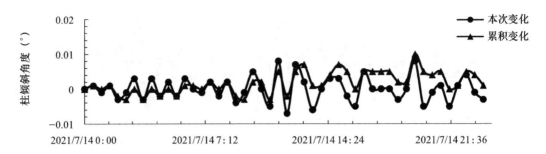

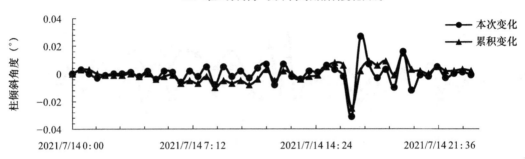

（a）

（b）

图 9.3-2　二层檐柱同一天不同时刻 X、Y 向木柱倾斜变化汇总曲线（续）

（a）2021.7.14 00：00～24：00；（b）2021.11.9 00：00～24：00

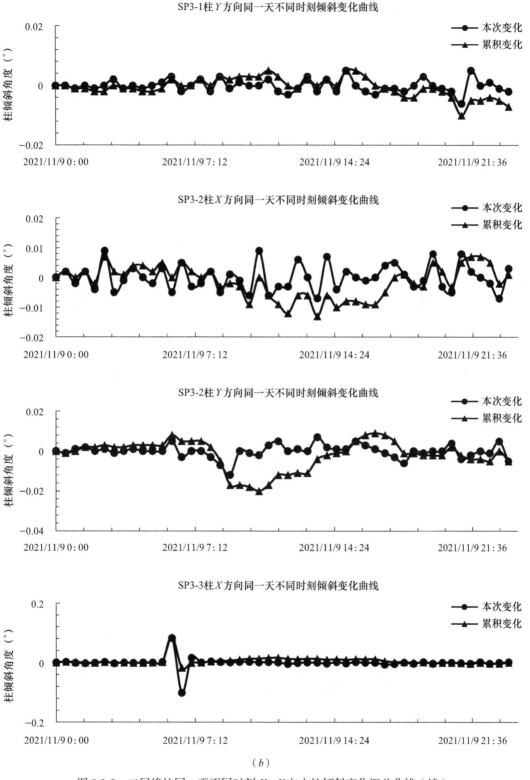

图 9.3-2　二层檐柱同一天不同时刻 X、Y 向木柱倾斜变化汇总曲线（续）

（b）2021.11.9　00：00～24：00

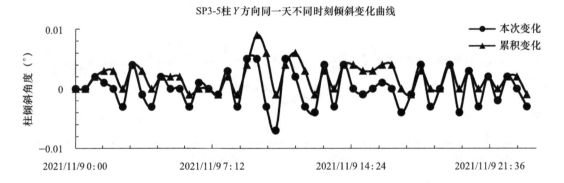

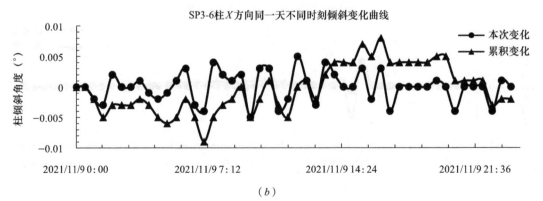

（b）

图 9.3-2　二层檐柱同一天不同时刻 X、Y 向木柱倾斜变化汇总曲线（续）

（b）2021.11.9　00：00～24：00

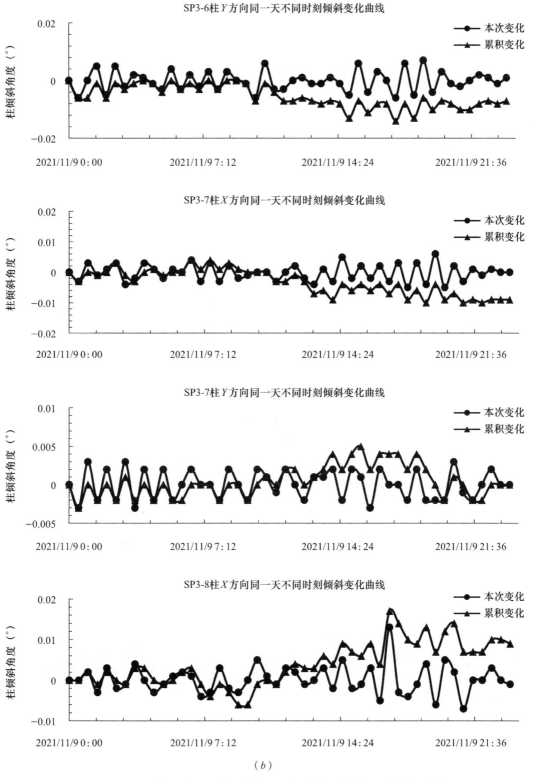

（b）

图 9.3-2　二层檐柱同一天不同时刻 X、Y 向木柱倾斜变化汇总曲线（续）

（b）2021.11.9　00：00～24：00

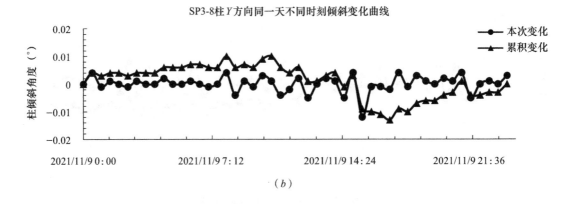

（b）

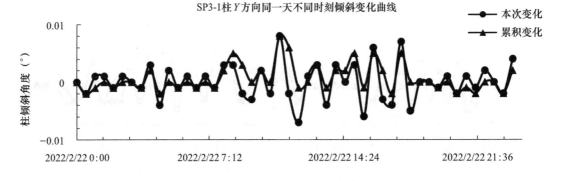

（c）

图 9.3-2　二层檐柱同一天不同时刻 X、Y 向木柱倾斜变化汇总曲线（续）

（b）2021.11.9　00：00～24：00；（c）2022.2.22　00：00～24：00

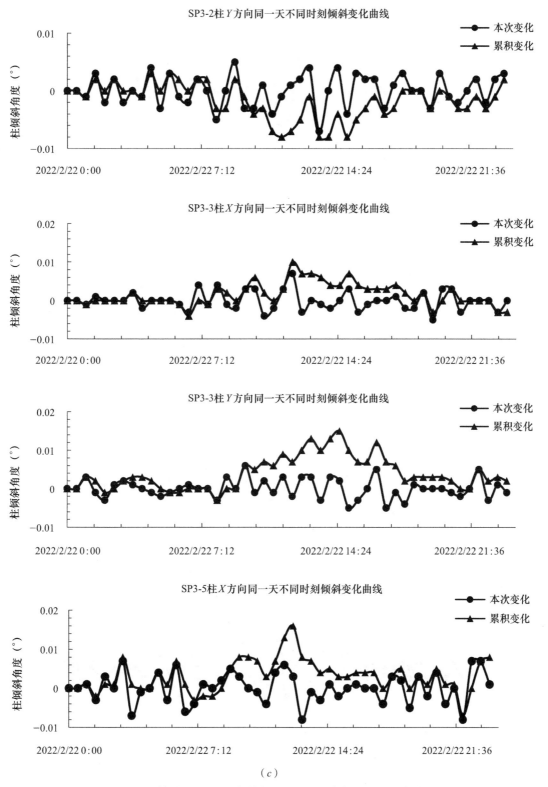

图 9.3-2　二层檐柱同一天不同时刻 X、Y 向木柱倾斜变化汇总曲线（续）

（c）2022.2.22　00：00～24：00

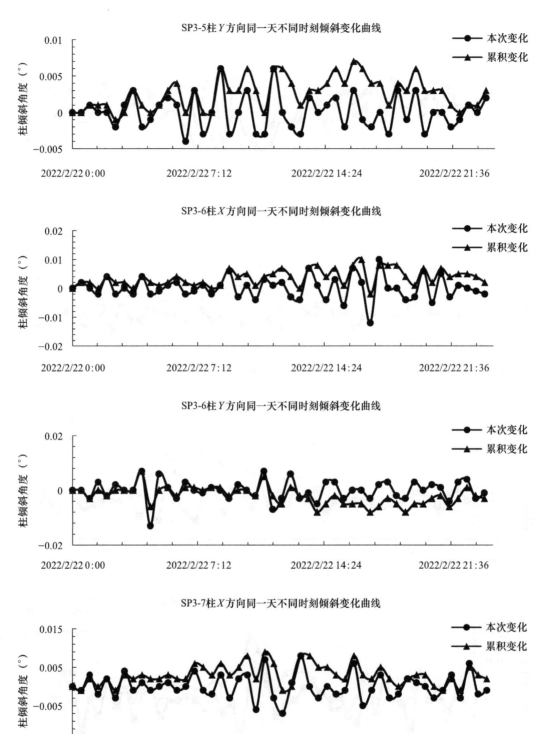

（c）

图 9.3-2　二层檐柱同一天不同时刻 X、Y 向木柱倾斜变化汇总曲线（续）

（c）2022.2.22　00：00～24：00

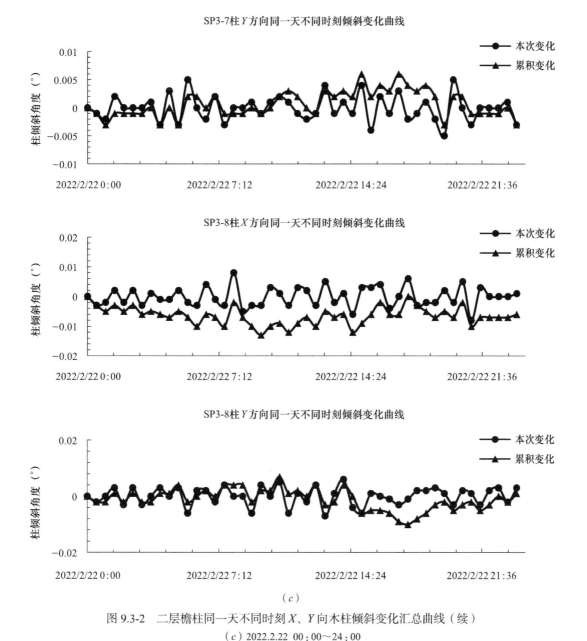

图 9.3-2 二层檐柱同一天不同时刻 X、Y 向木柱倾斜变化汇总曲线（续）

（c）2022.2.22 00：00～24：00

  由图 9.3-1、图 9.3-2 可以得出，各受监测檐柱因节点刚度不同对外界环境及各种耦合激励的响应情况不同：一层、二层檐柱的倾斜峰值响应时刻无一致性规律，且多数受监测檐柱水平变形量对地面交通流量相对较大的时刻（早 7：30～8：30，下午 17：30～19：30）敏感性较差，说明地面交通流量与檐柱的位移响应呈非相关关系；多数受监测檐柱倾斜值均在某一时刻出现跳跃式突变，且出现时刻无规律，综合各曲线图分析，这与周围环境主振动频率与该檐柱节点的振动频率接近有关，使得檐柱产生共振，建议后续应加强对车流量、车速、行人荷载、风荷载等关键因素与檐柱倾斜或振动频率的关系的观测研究。

9.4 工况三：不同日期同一轴线监测檐柱倾斜变形变化规律

为研究纵横向同一轴线受监测檐柱在 2021 年 7 月 14 日～2022 年 3 月 15 日期间的倾斜变形变化规律，选取每一监测日相同时刻的同一轴线檐柱倾斜变形情况进行分析，一层同一轴线檐柱不同监测时间倾斜变化汇总曲线如图 9.4-1 所示，二层同一轴线檐柱不同监测时间倾斜变化汇总曲线如图 9.4-2 所示。

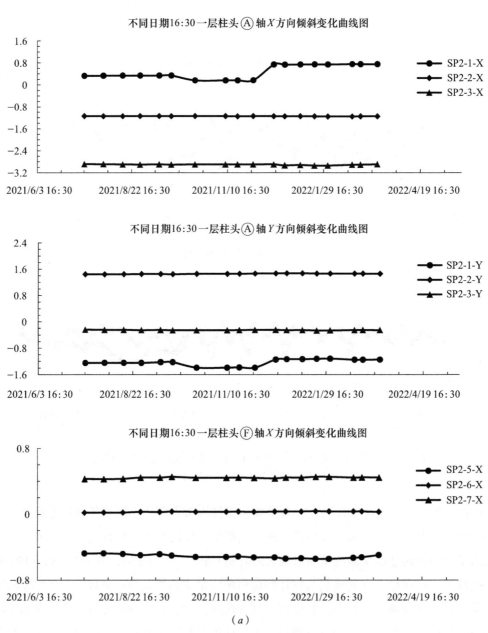

（a）

图 9.4-1　一层同一轴线檐柱不同监测时间倾斜变化（°）汇总曲线

（a）不同日期 16:30 曲线对比

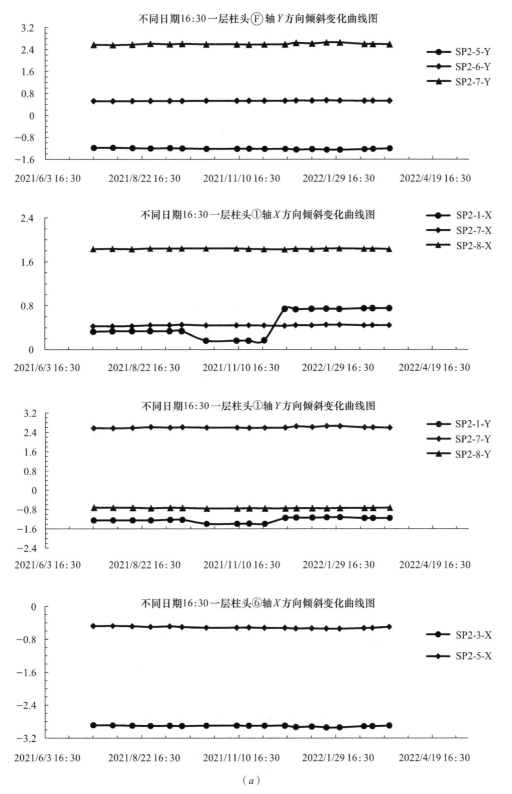

（a）

图 9.4-1　一层同一轴线檐柱不同监测时间倾斜变化（°）汇总曲线（续）

（a）不同日期 16：30 曲线对比

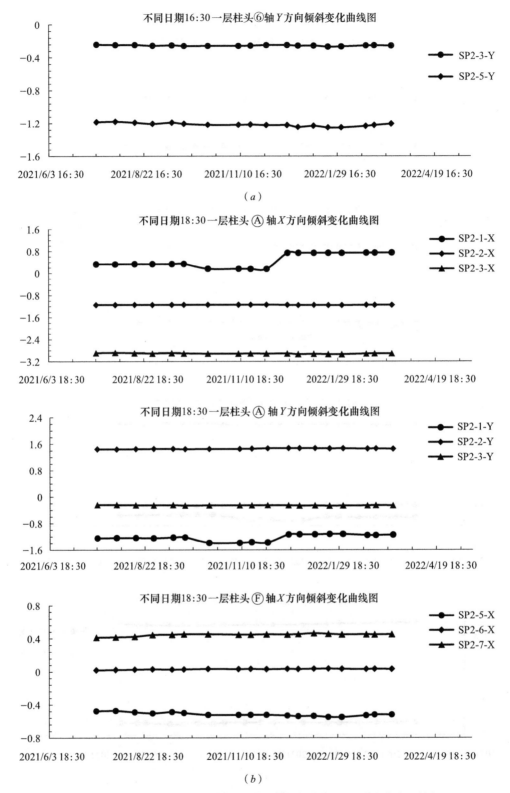

图 9.4-1　一层同一轴线檐柱不同监测时间倾斜变化（°）汇总曲线（续）

（a）不同日期 16：30 曲线对比；（b）不同日期 18：30 曲线对比

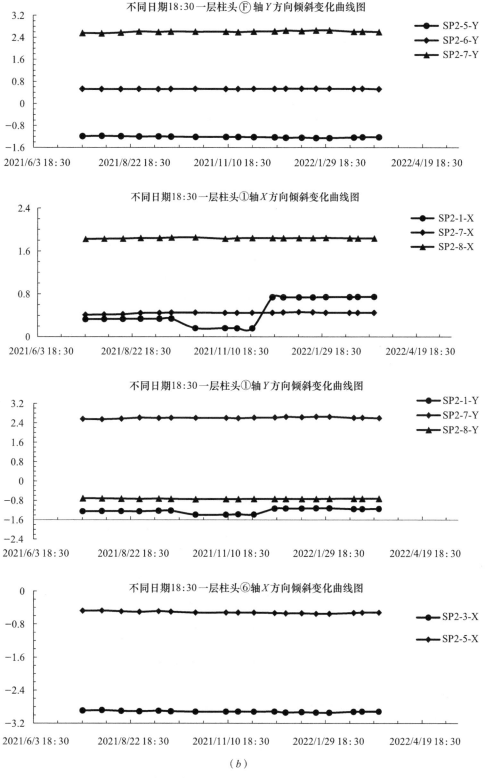

图 9.4-1　一层同一轴线檐柱不同监测时间倾斜变化（°）汇总曲线（续）

（b）不同日期 18:30 曲线对比

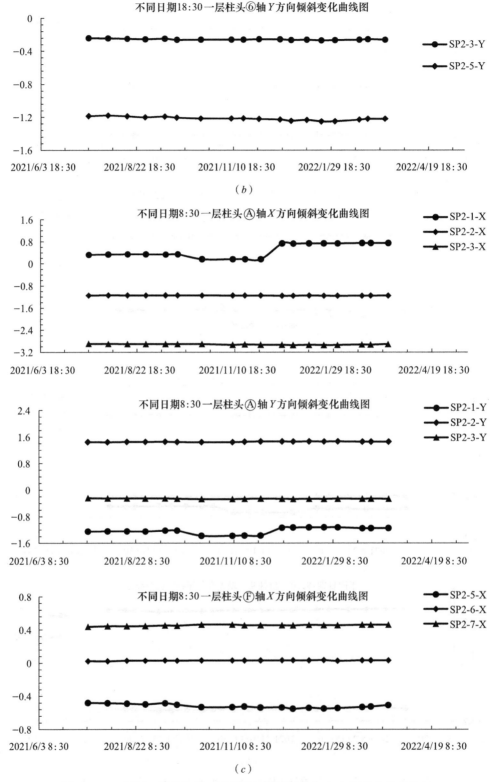

图 9.4-1　一层同一轴线檐柱不同监测时间倾斜变化（°）汇总曲线（续）

（b）不同日期 18：30 曲线对比；（c）不同日期 8：30 曲线对比

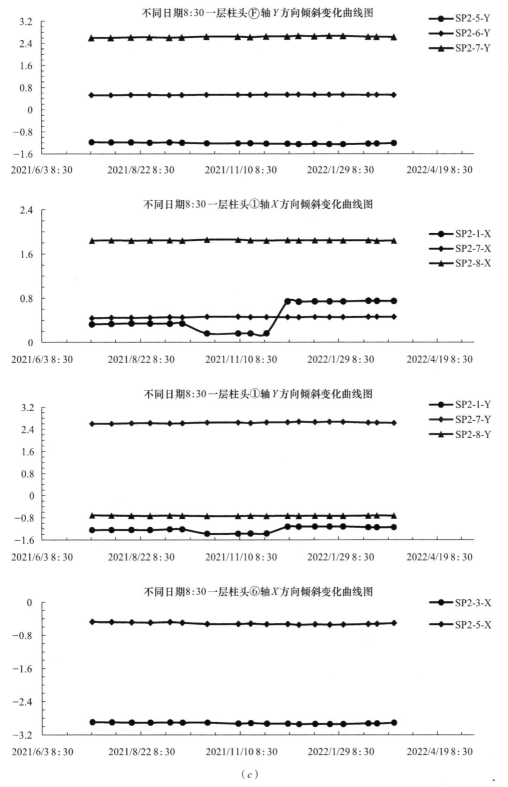

图 9.4-1 一层同一轴线檐柱不同监测时间倾斜变化（°）汇总曲线（续）

（*c*）不同日期 8：30 曲线对比

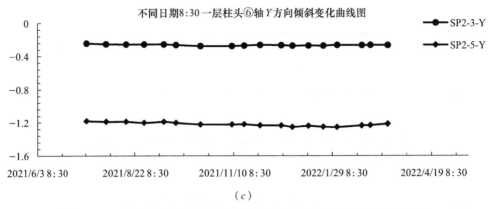

（c）

图 9.4-1　一层同一轴线檐柱不同监测时间倾斜变化（°）汇总曲线（续）

（c）不同日期 8：30 曲线对比

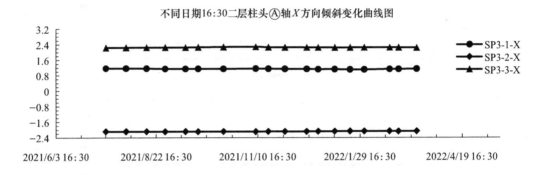

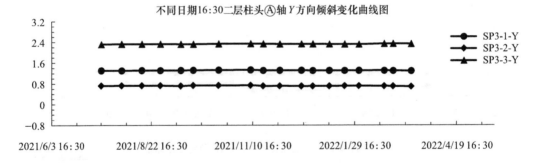

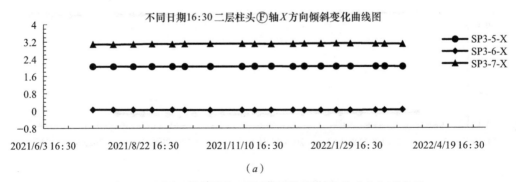

（a）

图 9.4-2　二层同一轴线檐柱不同监测时间倾斜变化（°）汇总曲线

（a）不同日期 16：30 曲线对比

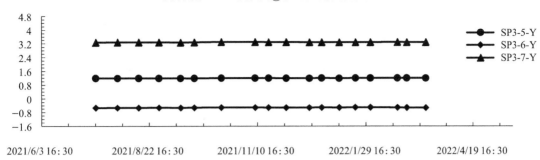

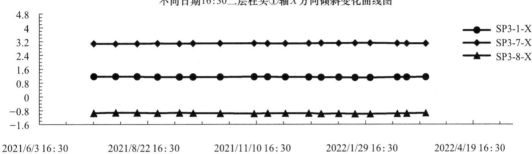

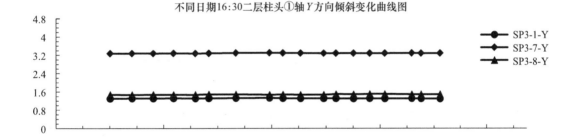

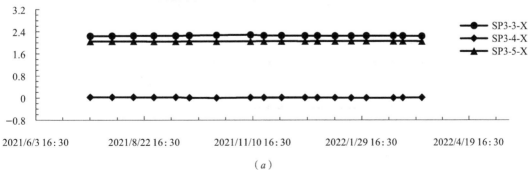

（a）

图 9.4-2　二层同一轴线檐柱不同监测时间倾斜变化（°）汇总曲线（续）

（a）不同日期 16：30 曲线对比

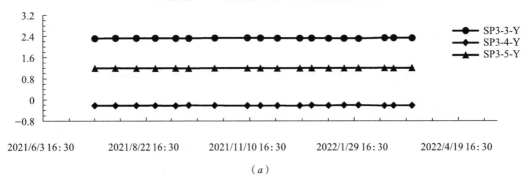

不同日期16:30二层柱头⑥轴 Y 方向倾斜变化曲线图

（a）

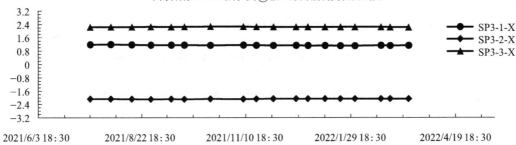

不同日期18:30二层柱头Ⓐ轴 X 方向倾斜变化曲线图

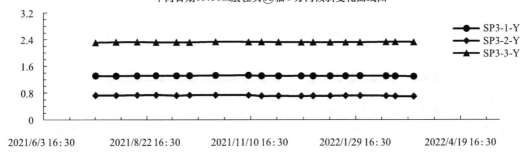

不同日期18:30二层柱头Ⓐ轴 Y 方向倾斜变化曲线图

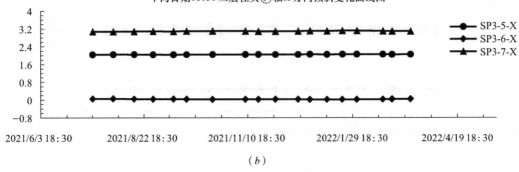

不同日期18:30二层柱头Ⓕ轴 X 方向倾斜变化曲线图

（b）

图 9.4-2　二层同一轴线檐柱不同监测时间倾斜变化（°）汇总曲线（续）
（a）不同日期 16:30 曲线对比；（b）不同日期 18:30 曲线对比

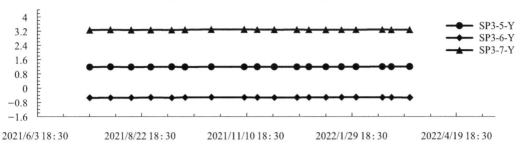

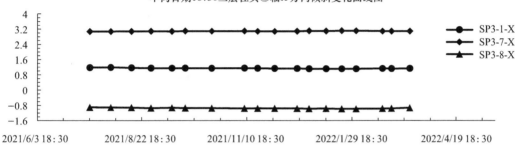

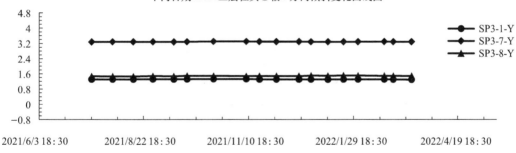

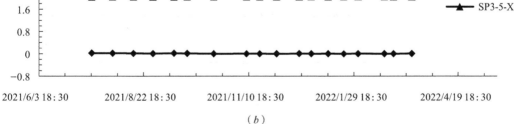

（b）

图 9.4-2　二层同一轴线檐柱不同监测时间倾斜变化（°）汇总曲线（续）

（b）不同日期 18：30 曲线对比

不同日期18:30二层柱头⑥轴Y方向倾斜变化曲线图

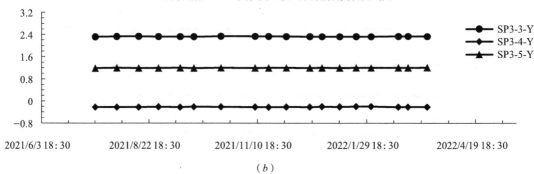

（b）

不同日期8:30二层柱头Ⓐ轴X方向倾斜变化曲线图

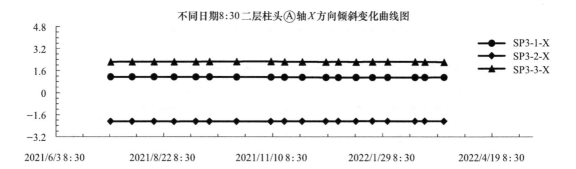

不同日期8:30二层柱头Ⓐ轴Y方向倾斜变化曲线图

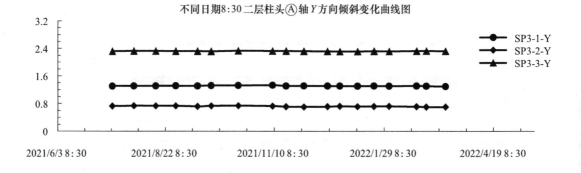

不同日期8:30二层柱头Ⓕ轴X方向倾斜变化曲线图

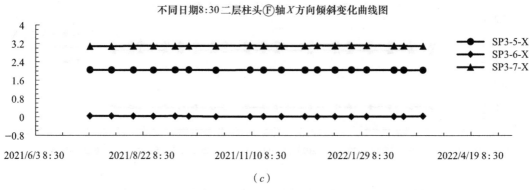

图9.4-2　二层同一轴线檐柱不同监测时间倾斜变化（°）汇总曲线（续）

（b）不同日期18:30曲线对比；（c）不同日期8:30曲线对比

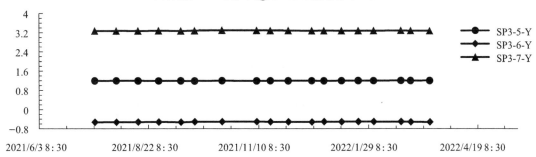

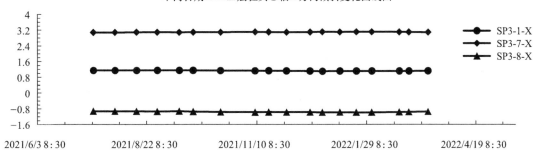

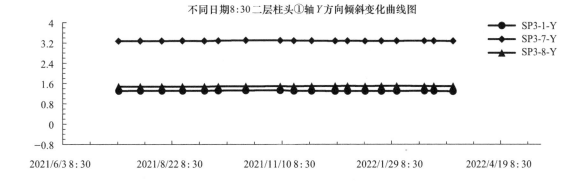

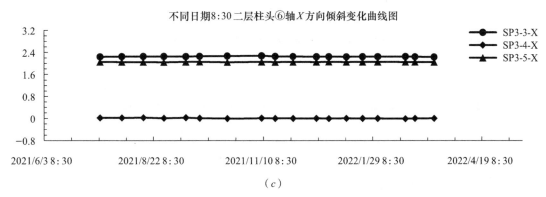

（c）

图 9.4-2 二层同一轴线檐柱不同监测时间倾斜变化（°）汇总曲线（续）

（c）不同日期 8：30 曲线对比

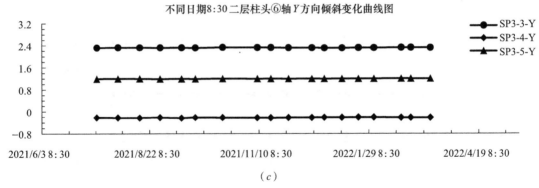

图 9.4-2　二层同一轴线檐柱不同监测时间倾斜变化（°）汇总曲线（续）

（c）不同日期 8：30 曲线对比

通过对同一轴线一层、二层代表性檐柱在 3 个不同日期相同时刻的倾斜变形变化分析可得，同一轴线代表性檐柱每一监测日相同时刻的倾斜变化量均不同步，呈现非同时同向变形的规律，说明目前西安钟楼承重木构架整体性变形控制较好，各檐柱倾斜变形呈现独立性和不协同性。

9.5　工况四：同一天不同时刻同一轴线监测檐柱倾斜变形变化规律

为研究纵横向同一轴线受监测檐柱在某监测日 24h 内的倾斜变形变化规律，选取代表性监测日不同时刻的同一轴线檐柱倾斜变形情况进行分析，一层同一轴线檐柱同一天不同时刻倾斜变化汇总曲线如图 9.5-1 所示，二层同一轴线檐柱同一天不同时刻倾斜变化汇总曲线如图 9.5-2 所示。

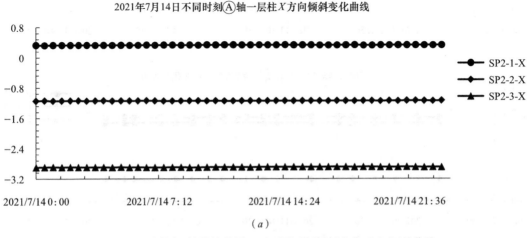

图 9.5-1　一层同一轴线檐柱同一天不同时刻倾斜变化（°）汇总曲线

（a）2021 年 7 月 14 日不同时刻曲线对比

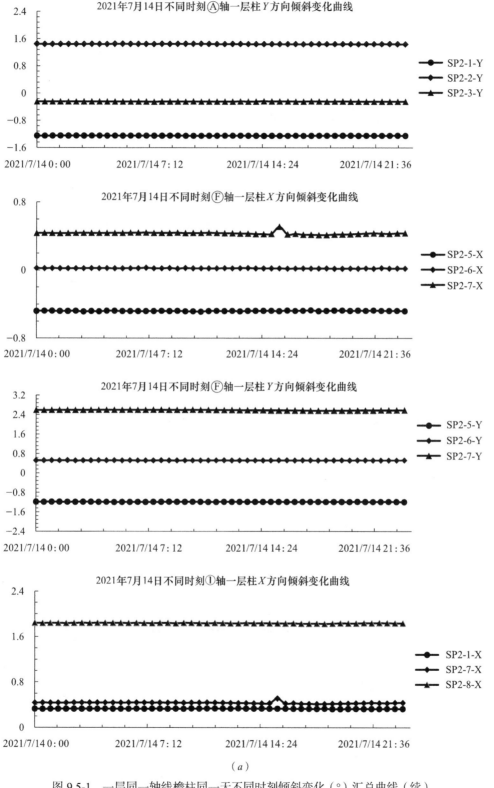

（a）

图 9.5-1　一层同一轴线檐柱同一天不同时刻倾斜变化（°）汇总曲线（续）

（a）2021 年 7 月 14 日不同时刻曲线对比

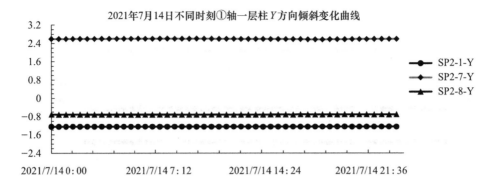

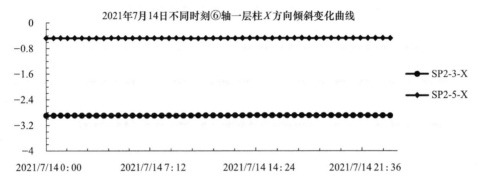

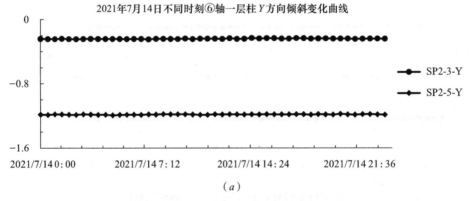

（a）

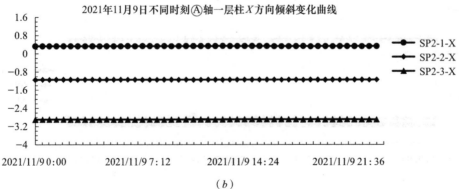

（b）

图9.5-1　一层同一轴线檐柱同一天不同时刻倾斜变化（°）汇总曲线（续）

（a）2021年7月14日不同时刻曲线对比；（b）2021年11月9日不同时刻曲线对比

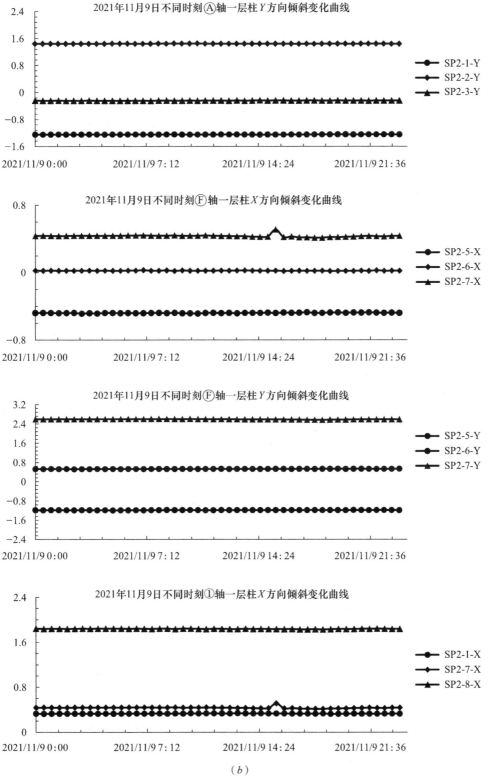

（ *b* ）

图 9.5-1　一层同一轴线檐柱同一天不同时刻倾斜变化（°）汇总曲线（续）

（ *b* ）2021 年 11 月 9 日不同时刻曲线对比

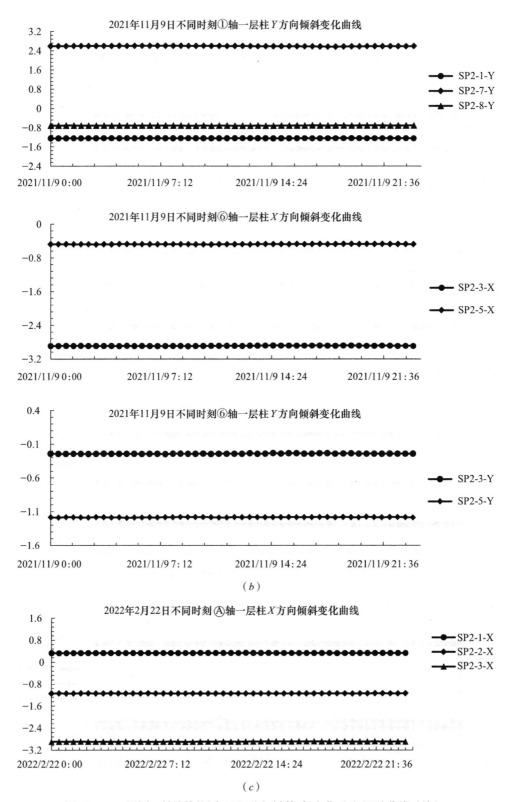

图 9.5-1 一层同一轴线檐柱同一天不同时刻倾斜变化（°）汇总曲线（续）
（b）2021 年 11 月 9 日不同时刻曲线对比；（c）2022 年 2 月 22 日不同时刻曲线对比

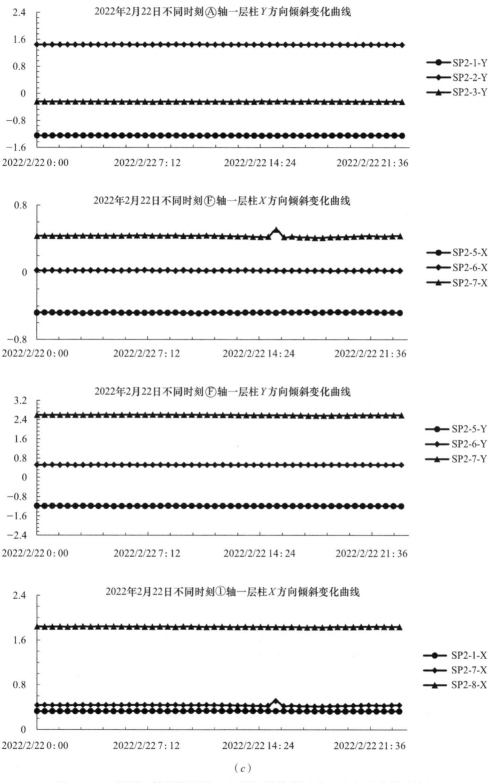

图 9.5-1　一层同一轴线檐柱同一天不同时刻倾斜变化（°）汇总曲线（续）

（c）2022 年 2 月 22 日不同时刻曲线对比

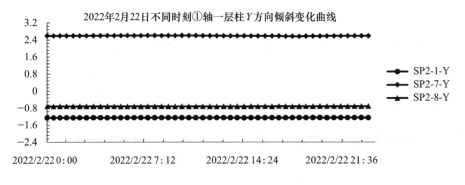

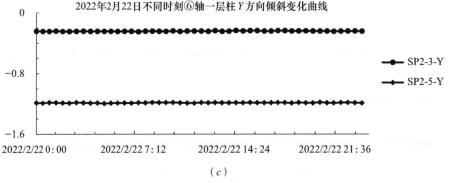

（c）

图 9.5-1　一层同一轴线檐柱同一天不同时刻倾斜变化（°）汇总曲线（续）

（c）2022 年 2 月 22 日不同时刻曲线对比

（a）

图 9.5-2　二层同一轴线檐柱同一天不同时刻倾斜变化（°）汇总曲线

（a）2021 年 7 月 14 日不同时刻曲线对比

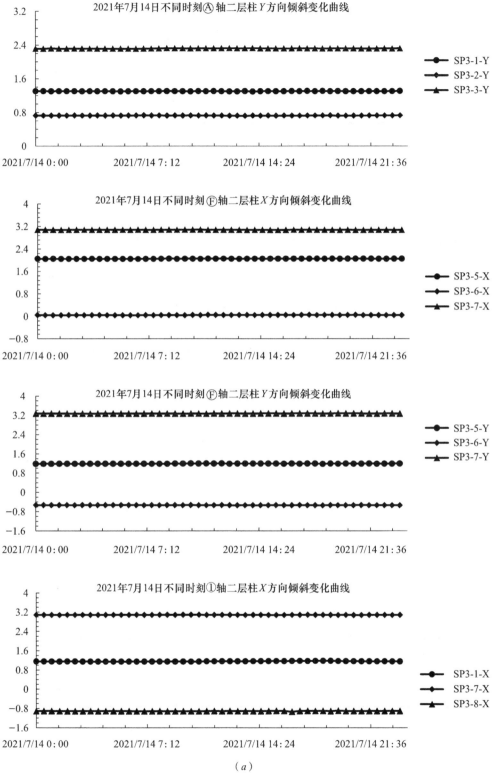

（a）

图 9.5-2　二层同一轴线檐柱同一天不同时刻倾斜变化（°）汇总曲线（续）

（a）2021 年 7 月 14 日不同时刻曲线对比

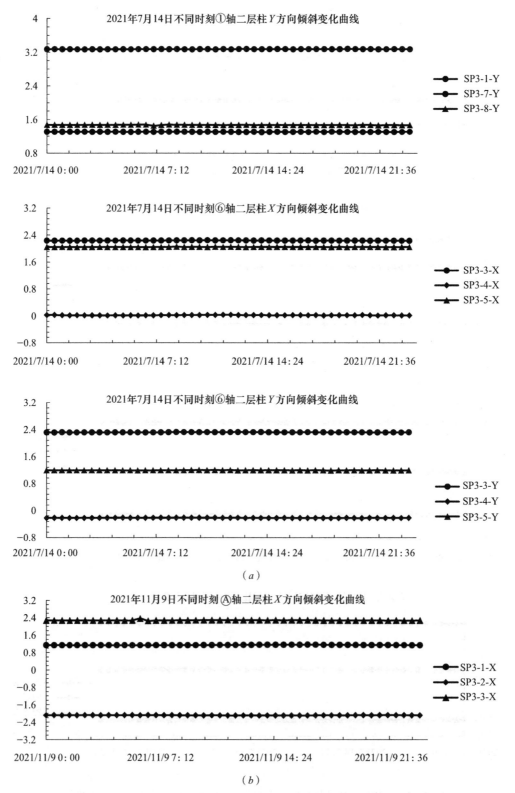

图 9.5-2　二层同一轴线檐柱同一天不同时刻倾斜变化（°）汇总曲线（续）
（a）2021 年 7 月 14 日不同时刻曲线对比；（b）2021 年 11 月 9 日不同时刻曲线对比

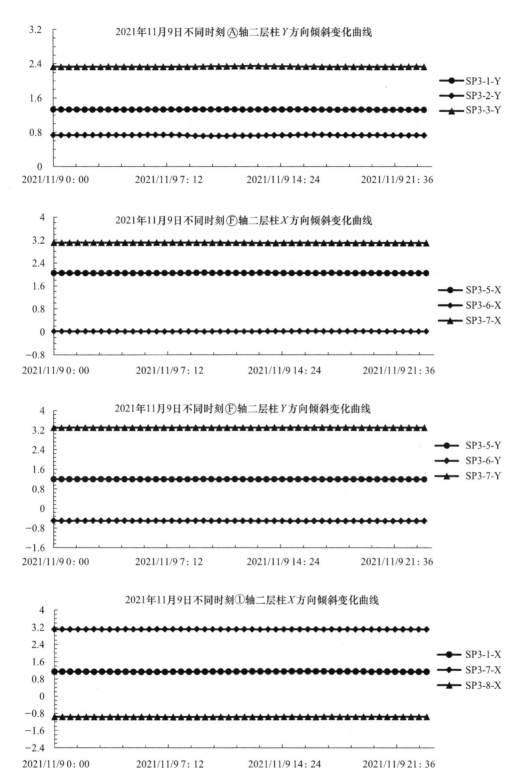

（b）

图 9.5-2　二层同一轴线檐柱同一天不同时刻倾斜变化（°）汇总曲线（续）
（b）2021 年 11 月 9 日不同时刻曲线对比

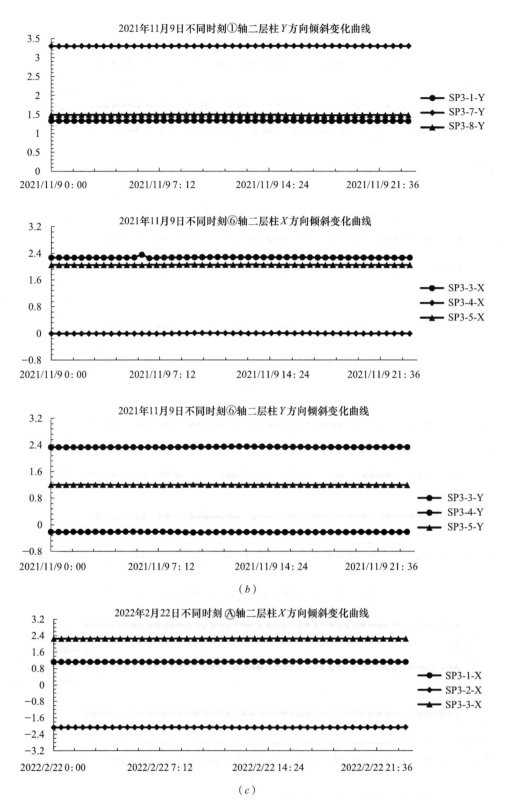

图 9.5-2　二层同一轴线檐柱同一天不同时刻倾斜变化（°）汇总曲线（续）
（b）2021 年 11 月 9 日不同时刻曲线对比；（c）2022 年 2 月 22 日不同时刻曲线对比

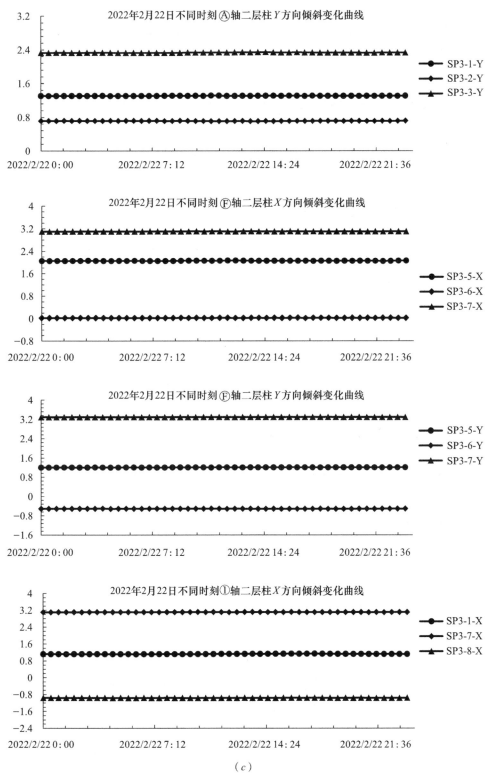

（c）

图 9.5-2　二层同一轴线檐柱同一天不同时刻倾斜变化（°）汇总曲线（续）

（c）2022 年 2 月 22 日不同时刻曲线对比

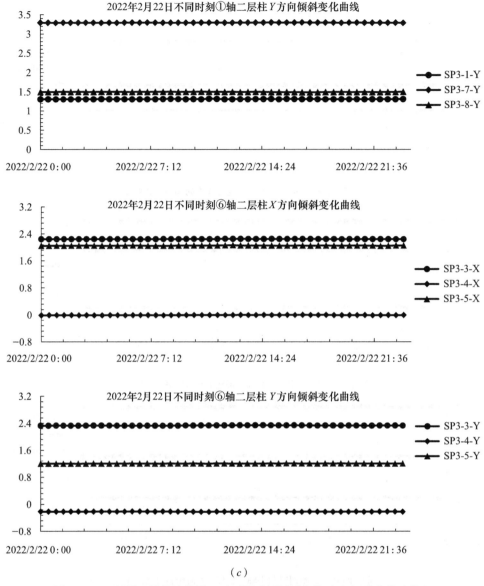

（c）

图 9.5-2　二层同一轴线檐柱同一天不同时刻倾斜变化（°）汇总曲线（续）

（c）2022 年 2 月 22 日不同时刻曲线对比

　　通过对同一轴线一层代表性檐柱、二层代表性檐柱在 2 个监测日不同时刻的倾斜变形变化分析可得，同一轴线代表性檐柱同一监测日 24h 内不同时刻的倾斜变化量均不同步，呈现非同时同向变形的规律，同轴线各受监测檐柱因节点刚度不同对外界环境及各种耦合激励的响应情况不同，倾斜峰值响应时刻无一致性规律，建议后续应加强对车流量、车速、行人荷载、风荷载等关键因素与檐柱倾斜或振动频率的关系继续观测研究。

第 10 章 西安钟楼本体承载力、变形性能及振动性能分析

10.1 有限元模型

10.1.1 几何模型

根据实际测绘的几何尺寸，采用美国 CSI 公司开发的 Sap2000 结构通用有限元程序（版本 V24.0.0）对西安钟楼进行建模，模型如图 10.1-1 所示，其中图 10.1-1（a）为顶视图，图 10.1-1（b）为侧视图，图 10.1-1（c）为轴测图，图 10.1-1（d）为鸟瞰图。

模型分为三个部分：

（1）下部台基部分，如图 10.1-2 所示，采用了 8 节点 6 面体实体单元。台基内部为夯土，如图 10.1-2（a）所示；台基外侧和门洞衬砌为砖砌体，如图 10.1-2（b）所示，其中外墙厚度为 900mm，衬砌厚度为 1450mm。内部夯土与外围砌体部分通过节点耦合连接。夯土顶部建立 300mm 厚砖铺地，在此基础上中央建立砖台，台基断面如图 10.1-2（c）所示。

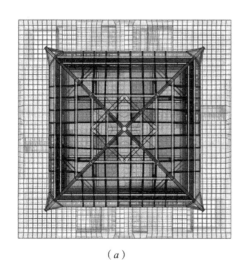

（a）

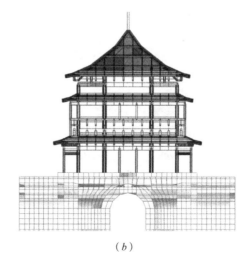

（b）

图 10.1-1 西安钟楼有限元模型

（a）顶视图；（b）侧视图

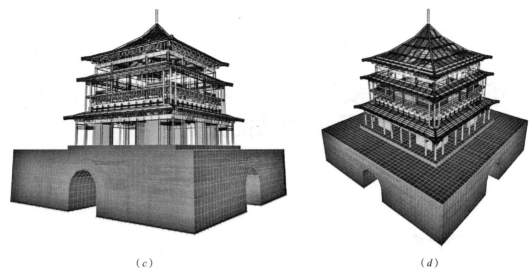

（*c*）　　　　　　　　　　　　　　　　（*d*）

图 10.1-1　西安钟楼有限元模型（续）

（*c*）轴测图；（*d*）鸟瞰图

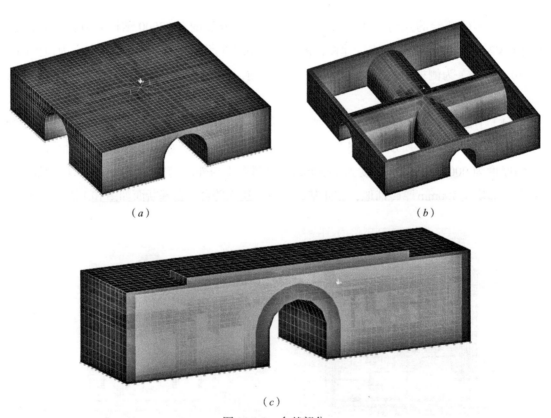

（*a*）　　　　　　　　　　　　　　　　（*b*）

（*c*）

图 10.1-2　台基部分

（*a*）内部夯土部分；（*b*）外砖墙及衬砌部分；（*c*）外砖墙及衬砌部分

（2）木构架部分，梁、椽子、枋、柱等采用 2 节点梁单元，斗栱采用弹簧单元，屋面板及二层楼板采用 3/4 节点壳单元，如图 10.1-3 所示。

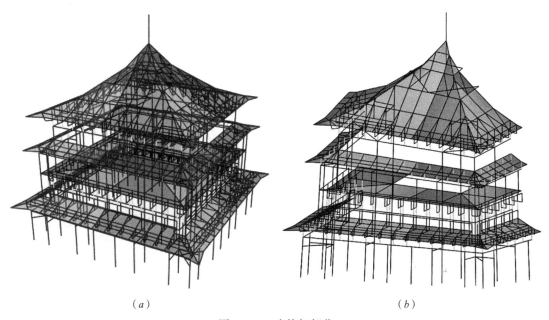

（a）　　　　　　　　　　　　　　　　（b）

图 10.1-3　木构架部分
（a）外部视角；（b）内部视角

木构架中主要构件的截面尺寸见表 10.1-1。

木构架主要构件截面尺寸　　　　　　　　　表 10.1-1

编号	构件名称	截面形状	截面尺寸（mm）	备注
1	外檐柱	圆形	$d = 400$	直径
2	二层外檐中柱	矩形	260×260	宽 × 高
3	老檐柱	圆形	$d = 600$	直径
4	内金柱	圆形	$d = 720$	直径
5	梅花柱	圆形	$d = 350$	直径
6	攒尖	圆形	$d = 460$	直径
7	转换柱 1	矩形	350×350	宽 × 高
8	转换柱 2	矩形	400×400	宽 × 高
9	老檐柱额枋	矩形	330×660	宽 × 高
10	内金柱额枋	矩形	300×800	宽 × 高
11	一层檐柱额枋	矩形	330×660	宽 × 高
12	二层檐柱额枋	矩形	260×530	宽 × 高
13	一层穿插枋	矩形	360×420	宽 × 高
14	二层穿插枋	矩形	280×300	宽 × 高
15	屋脊梁	矩形	360×540	宽 × 高
16	转换梁 1	矩形	275×320	宽 × 高
17	转换梁 2	矩形	400×480	宽 × 高

（3）非结构部分，古建筑中包含大量复杂的非结构构件，本模型中主要考虑对整体刚度影响较大的砌体填充墙部分，分布于结构1层和2层的四个角部，首层墙体厚度1000mm，二层墙体厚度300mm。墙体均采用4节点壳单元，如图10.1-4所示。

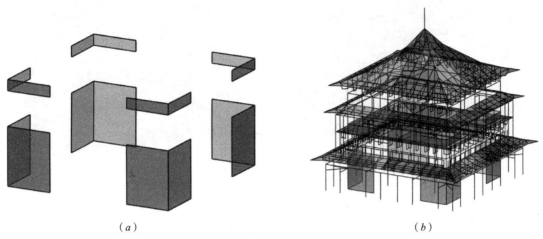

（a）　　　　　　　　　　　　　　　　　（b）

图 10.1-4　砌体填充墙部分

（a）填充墙；（b）填充墙及木构架

10.1.2　主要参数

台基部分夯土根据俞茂宏等对西安东城门门楼台基材料的试验数据进行材性定义，木材根据俞茂宏等对西安北门箭楼研究中对旧木材力学特性的研究，模型中木材采用三向正交异性材料属性，材性详见表10.1-2。

材料属性　　　　　　　　　　　　　　　表 10.1-2

材料	弹性模量（MPa）	泊松比	密度（kN/m³）	抗压强度（MPa）	抗拉强度（MPa）	抗剪强度（MPa）
台基砌体砖	2230	0.20	19.0	10.69	0.289	—
台基夯土	69	0.35	19.3	—	—	—
木材	8300（顺纹） 830（横纹）	0.45	4.1	43.3（顺纹）	34.3（顺纹）	8.2（顺纹）

西安钟楼在一层和二层顶部的外檐柱、老檐柱顶部均采用大量斗栱，为方便建模，将斗栱分为两类，分别为：

（1）檐柱顶斗栱；

（2）金柱顶斗栱。

根据现有研究成果，通过相似关系进行换算得到实际结构中斗栱的刚度相似比，模型中斗栱采用了连接单元，连接单元的刚度参数见表10.1-3。

斗栱节点相似关系及刚度换算　　　　　　　　　　　　　表 10.1-3

斗栱分类	大斗截面 （$h×b×l$）（mm）	几何相似比 （$b×l/h$）	弹性模量 （MPa）	弹性模量 相似比	轴压刚度 （EA/h） 相似比	轴压刚度 （kN/m）	剪切刚度 （GA/h） 相似比	剪切刚度 （kN/m）
试验值	100×160×160	—	10110	—	—	8736	—	1460
檐柱顶斗栱	230×360×360	2.20	8300	0.82	1.81	15812	1.81	2642
金柱顶斗栱	230×420×420	3.00			2.46	21491	2.46	3592

注：表中试验数据参考西安建筑科技大学博士论文《中国古代木构建筑结构及其抗震发展研究》（张鹏程，2003）和《中国古代木构耗能减震机理与动力特性分析》（隋龑，2009）。

钟楼的木构架中梁与柱连接采用榫卯连接，实际情况较为复杂，为便于分析将钟楼内的榫卯类型分为两类：

（1）直榫：连接内圈柱与外圈柱的梁与柱的连接（径向梁），主要为穿插枋；

（2）燕尾榫：沿着结构周圈布置的梁与柱的连接（环向梁），主要包含额枋。

梁柱榫卯节点属于半刚接约束，由于缺少西安钟楼榫卯节点榫头的几何数据，根据现有研究成果通过梁截面的几何相似关系进行换算得到实际结构中榫卯节点的刚度相似比，由于难以定义梁端弯矩—转角刚度实现榫卯节点的半刚接特点，因此换算后的梁端转动刚度参数见表 10.1-4。

榫卯节点相似关系及刚度换算　　　　　　　　　　　　　表 10.1-4

榫卯分类	梁截面 （宽×高）（mm）	几何相似比	弹性模量 （MPa）	弹性模量 相似比	转动刚度 相似比	转动刚度 （kN·m/rad）
燕尾榫试验值	120×180	—	10110	—	—	17.14
直榫试验值	120×180					47.87
老檐柱额枋	330×660	36.97	8300	0.82	30.35	520.27
内金柱额枋	300×800	49.38			40.54	694.91
一层檐柱额枋	330×660	36.97			30.35	520.27
二层檐柱额枋	260×530	18.78			15.42	264.33
一层穿插枋	360×420	16.33			13.41	641.92
二层穿插枋	280×300	6.48			5.32	254.73

注：表中试验数据参考西安建筑科技大学博士论文《中国古代木构耗能减震机理与动力特性分析》（隋龑，2009）。

上部结构柱子底部节点与下部台基顶部节点通过节点耦合进行连接，柱子底部释放弯曲约束，采用铰接约束模拟木结构柱底与柱础的关系。在台基底部施加固接约束，如图 10.1-5 所示。

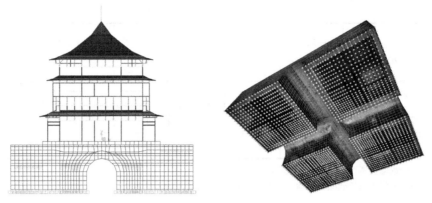

图 10.1-5　底部边界条件

10.2　正常使用荷载工况计算分析

10.2.1　竖向变形计算结果

正常使用工况下结构主要承受竖向荷载，分为恒荷载和活荷载，为进行分析对比，将恒荷载和活荷载下结构的变形分别进行计算。

1. 恒荷载

恒荷载考虑建筑物中结构和非结构部分的自重：参考文献《西安钟楼的交通振动响应分析及评估》（西安建筑科技大学博士论文，孟昭博），屋盖部分的自重为 $4.096kN/m^2$，二层木质楼板部分：自重考虑木质楼板及楼板上隔墙、陈列柜等，按 $2kN/m^2$ 进行考虑。

恒荷载作用下结构变形如图 10.2-1 所示。

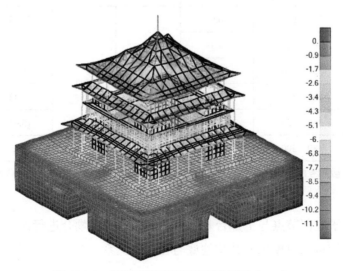

图 10.2-1　恒荷载作用下竖向变形云图（mm）

2. 活荷载

活荷载按照现行国家标准《建筑结构荷载规范》GB 50009 中表 5.1.1 中第 4 项考虑 3.5kN/m² 的活荷载，施加在钟楼一层和二层地面。大屋面及挑檐屋面按照现行国家标准《建筑结构荷载规范》GB 50009 考虑 100 年一遇雪压 0.3kN/m²，并按照现行国家标准《古建筑木结构维护与加固技术标准》GB/T 50165 的规定修正为 0.36kN/m²。计算活荷载作用下变形，如图 10.2-2 所示。

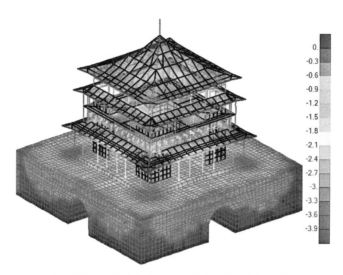

图 10.2-2　活荷载作用下竖向变形云图（mm）

3. 恒、活荷载标准组合

计算正常使用状态下恒、活荷载标准组合（$S_k = 1.0 \times$ 恒荷载 $+ 1.0 \times$ 活荷载）作用下结构的变形，如图 10.2-3 所示。

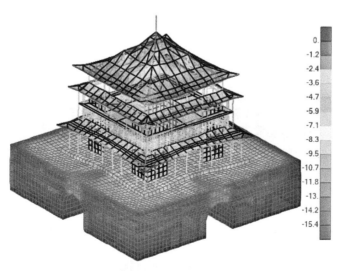

图 10.2-3　恒、活荷载标准组合作用下竖向变形云图（mm）

根据图 10.2-1～图 10.2-3 可以看出，正常使用荷载作用下钟楼的整体变形对称均匀，恒荷载引起的变形效应大于活荷载。台基中由于存在填土（弹性模量低于砌体）的原因，上部结构的角部在正常使用荷载作用下的变形较大。对西安钟楼内部典型部位的变形进行提取，见表 10.2-1。

正常使用工况结构变形（mm）　　　　　　　　　　　　　　　　表 10.2-1

位置	构件	恒荷载	活荷载	标准组合
台基顶部	形心位置	−2.24	−1.20	−3.44
	檐角柱底（角部）	−6.18	−3.17	−9.34
	外金角柱底（角部）	−5.45	−2.79	−8.25
一层 明层顶部	外檐柱顶（角柱）	−6.32	−3.21	−9.53
	外檐柱顶（中柱）	−3.73	−1.88	−5.61
一层 暗层顶部	老檐柱顶	−5.71	−2.87	−8.58
	内金柱顶	−4.28	−2.28	−6.56
二层 明层顶部	外檐柱顶（角柱）	−6.23	−3.26	−9.50
	外檐柱顶（中柱）	−7.07	−3.18	−10.26
二层 暗层顶部	老檐柱顶	−6.02	−2.93	−8.96
	内金柱顶	−4.74	−2.37	−7.11
顶部	塔尖	−7.21	−2.91	−10.12

10.2.2　应力计算结果

1. 恒荷载

恒荷载作用下，台基中夯土部分应力分布如图 10.2-4 所示，其中：最大主应力为 0.03MPa，发生在台基侧壁；最小主应力为 −0.15MPa，发生在台基底部。

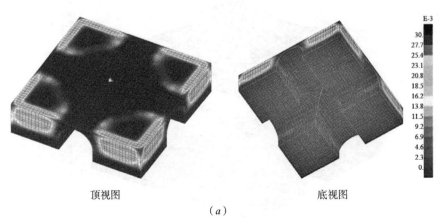

顶视图　　　　　　　　　　　　　底视图

（a）

图 10.2-4　夯土部分应力云图（恒荷载工况，单位：MPa）

（a）最大主应力 S_{max}

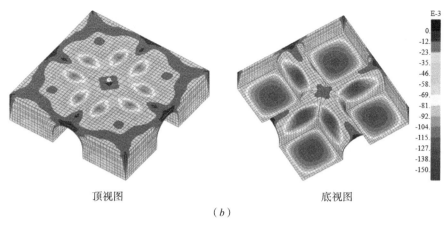

顶视图　　　　　　　　　　　　底视图

（b）

图 10.2-4　夯土部分应力云图（恒荷载工况，单位：MPa）（续）

（b）最小主应力 S_{min}

台基中砌体部分应力分布情况如图 10.2-5 所示，其中，最大主应力（拉应力）为 0.20MPa，发生在墙体转角连接处；最小主应力（压应力）为 −1.0MPa，发生在外圈墙体底部。

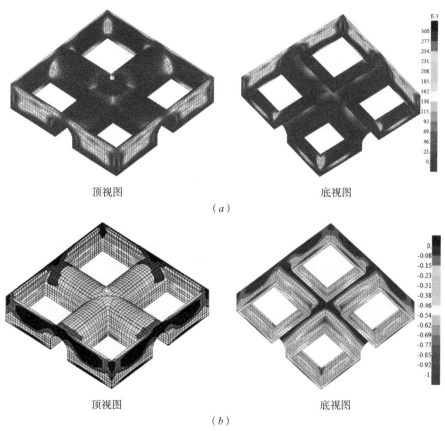

顶视图　　　　　　　　　　　　底视图

（a）

顶视图　　　　　　　　　　　　底视图

（b）

图 10.2-5　砌体部分应力云图（恒荷载工况，单位：MPa）

（a）最大主应力 S_{max}；（b）最小主应力 S_{min}

上部结构为木结构，轴侧及横剖面的应力如图 10.2-6 所示，最大主应力为 9.1MPa，最小主应力为 -7.8MPa。

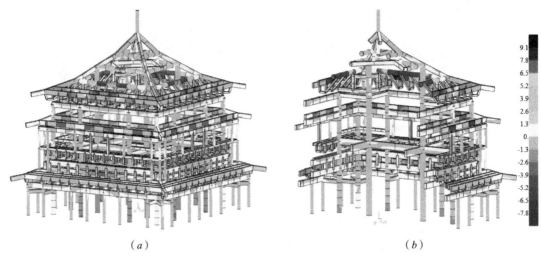

（*a*） （*b*）

图 10.2-6　上部木结构应力云图（恒荷载工况，单位：MPa）

（*a*）轴侧图；（*b*）剖面图

2. 活荷载

活荷载作用下，台基中夯土部分应力分布如图 10.2-7 所示，其中：最大主应力为 0.015MPa，发生在台基侧壁；最小主应力为 -0.07MPa，发生在台基底部。

台基中砌体部分应力分布情况如图 10.2-8 所示，其中，最大主应力（拉应力）为 0.10MPa，发生在墙体转角连接处；最小主应力（压应力）为 -0.5MPa，发生在外圈墙体底部。

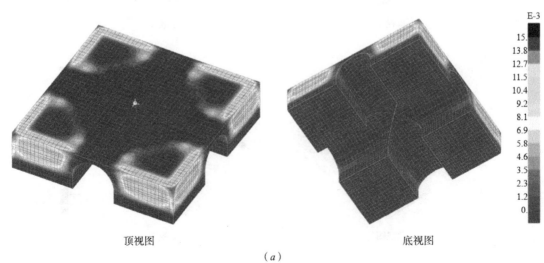

顶视图　　　　　　　　　　　　　　　底视图

（*a*）

图 10.2-7　夯土部分应力云图（活荷载工况，单位：MPa）

（*a*）最大主应力 S_{max}

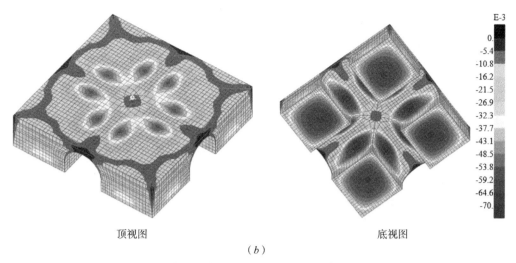

顶视图　　　　　　　　　　　　底视图

（b）

图 10.2-7　夯土部分应力云图（活荷载工况，单位：MPa）（续）

（b）最小主应力 S_{min}

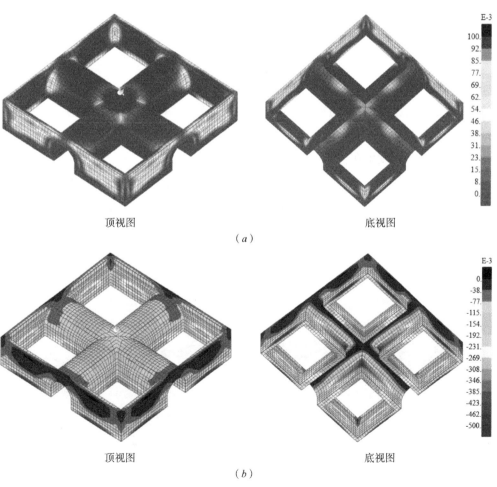

顶视图　　　　　　　　　　　　底视图

（a）

顶视图　　　　　　　　　　　　底视图

（b）

图 10.2-8　砌体部分应力云图（活荷载工况，单位：MPa）

（a）最大主应力 S_{max}；（b）最小主应力 S_{min}

上部结构为木结构，轴侧及横剖面的应力如图 10.2-9 所示，最大主应力为 2.45MPa，最小应力为 -2.1MPa。

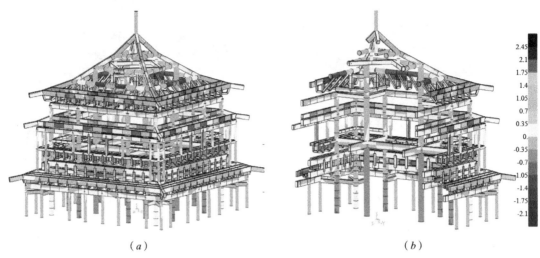

（a）　　　　　　　　　　　　　　　　　（b）

图 10.2-9　上部木结构应力云图（活荷载工况，单位：MPa）

（a）轴侧图；（b）剖面图

3. 标准组合

按照标准组合（1.0× 恒荷载 ＋ 1.0× 活荷载）输出结构中各部分应力。台基中夯土部分应力分布如图 10.2-10 所示，其中：最大主应力为 0.05MPa，发生在台基侧壁；最小主应力为 -0.2MPa，发生在台基底部。

台基中砌体部分应力分布情况如图 10.2-11 所示，其中，最大主应力（拉应力）为 0.30MPa，发生在墙体转角连接处；最小主应力（压应力）为 -1.5MPa，发生在外圈墙体底部。

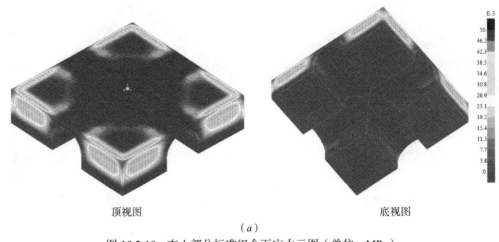

顶视图　　　　　　　　　　　　　　　　底视图

（a）

图 10.2-10　夯土部分标准组合下应力云图（单位：MPa）

（a）最大主应力 $S_{\max}$

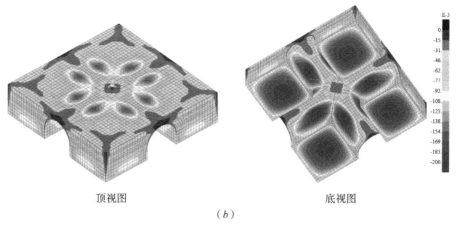

顶视图　　　　　　　　　　　底视图

（b）

图 10.2-10　夯土部分标准组合下应力云图（单位：MPa）（续）
（b）最小主应力 $S_{\min}$

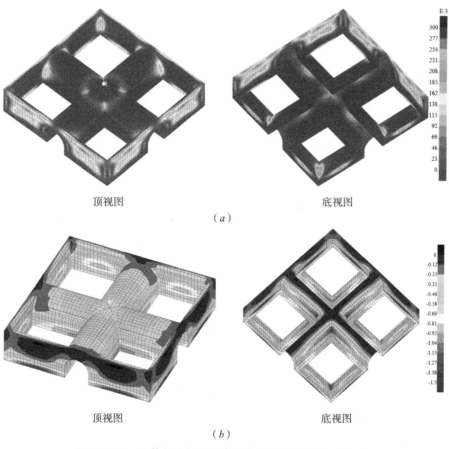

顶视图　　　　　　　　　　　底视图

（a）

顶视图　　　　　　　　　　　底视图

（b）

图 10.2-11　砌体部分标准组合下应力云图（单位：MPa）
（a）最大主应力 $S_{\max}$；（b）最小主应力 $S_{\min}$

　　上部结构为木结构，轴侧及横剖面的应力如图 10.2-12 所示，最大主应力为 10.5MPa，最小应力为 -9.5MPa。

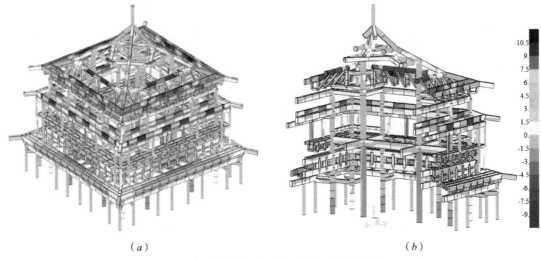

（*a*）　　　　　　　　　　　　　　　（*b*）

图 10.2-12　上部木结构标准组合下应力云图（单位：MPa）

（*a*）轴侧图；（*b*）剖面图

10.3　模态分析

采用特征向量法对整体结构进行模态分析，模态分析按照现行国家标准《建筑抗震设计规范》GB 50010 中重力荷载代表值定义模型的质量（即：恒荷载＋0.5×活荷载）进行计算分析。

10.3.1　台基主要振型

对西安钟楼台基部分单独进行计算，前 6 阶振型如图 10.3-1（*a*）～图 10.3-1（*f*），主要竖向振型如图 10.3-1（*g*）所示，自振周期及频率见表 10.3-1。

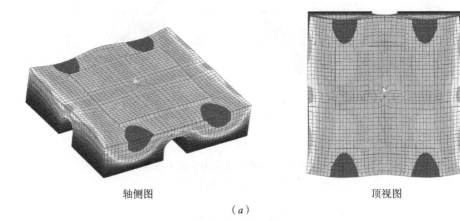

轴侧图　　　　　　　　　　　　　　　顶视图

（*a*）

图 10.3-1　台基部分主要振型

（*a*）1 阶模态（*Y* 平动）

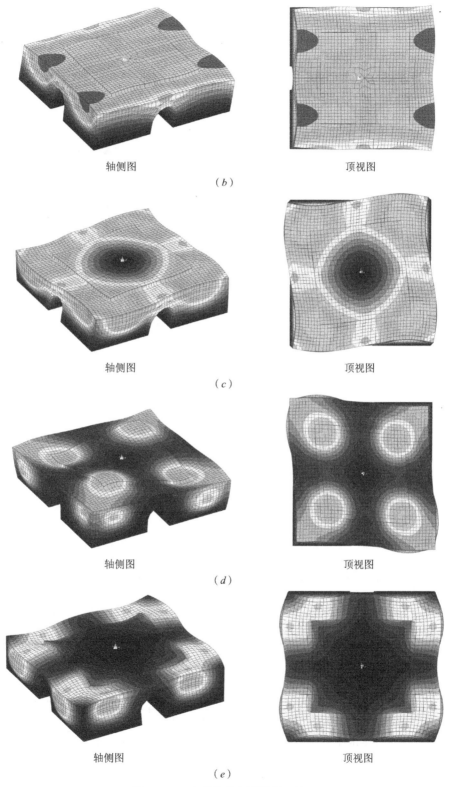

图 10.3-1　台基部分主要振型（续）

（b）2 阶模态（X 平动）；（c）3 阶模态（XY 扭转）；（d）4 阶模态（局部振动）；（e）5 阶模态（局部振动）

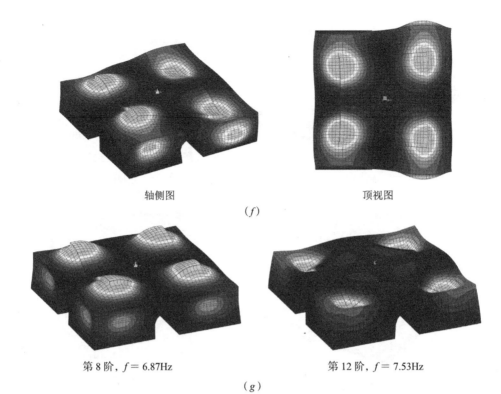

轴侧图   顶视图

（f）

第8阶，f = 6.87Hz   第12阶，f = 7.53Hz

（g）

图 10.3-1 台基部分主要振型（续）

（f）6阶模态（局部振动）；（g）竖向模态

结构主要周期和质量参与系数   表 10.3-1

模态编号	台基		木构架		整体		模态编号	台基		木构架		整体	
	周期（s）	频率（Hz）	周期（s）	频率（Hz）	周期（s）	频率（Hz）		周期（s）	频率（Hz）	周期（s）	频率（Hz）	周期（s）	频率（Hz）
1	0.19	5.30	0.63	1.60	0.68	1.46	14	0.12	8.67	0.14	6.99	0.16	6.13
2	0.19	5.30	0.62	1.60	0.68	1.47	15	0.11	8.78	0.14	7.03	0.16	6.32
3	0.18	5.66	0.48	2.07	0.51	1.97	16	0.11	8.90	0.14	7.15	0.16	6.39
4	0.15	6.69	0.21	4.65	0.25	4.05	17	0.11	8.94	0.14	7.17	0.15	6.59
5	0.15	6.81	0.21	4.70	0.25	4.08	18	0.11	8.94	0.14	7.30	0.15	6.74
6	0.15	6.82	0.19	5.33	0.21	4.75	19	0.11	8.97	0.12	8.18	0.15	6.77
7	0.15	6.82	0.19	5.38	0.19	5.24	20	0.11	9.05	0.12	8.36	0.15	6.80
8	0.15	6.88	0.17	5.96	0.19	5.26	21	0.11	9.31	0.11	8.75	0.14	6.91
9	0.14	7.07	0.17	5.97	0.19	5.29	22	0.11	9.31	0.11	8.81	0.14	6.94
10	0.14	7.18	0.16	6.25	0.18	5.68	23	0.11	9.35	0.11	8.82	0.14	6.97
11	0.14	7.18	0.15	6.68	0.17	5.76	24	0.10	9.56	0.11	8.85	0.14	7.00
12	0.13	7.53	0.15	6.88	0.17	5.89	25	0.10	9.86	0.11	8.99	0.14	7.03
13	0.12	8.67	0.14	6.94	0.17	5.97	26	0.10	9.90	0.11	9.09	0.14	7.14

续表

模态编号	台基		木构架		整体		模态编号	台基		木构架		整体	
	周期（s）	频率（Hz）	周期（s）	频率（Hz）	周期（s）	频率（Hz）		周期（s）	频率（Hz）	周期（s）	频率（Hz）	周期（s）	频率（Hz）
27	0.10	9.90	0.11	9.12	0.14	7.16	44	0.09	11.43	0.10	10.11	0.11	8.86
28	0.19	5.30	0.11	9.18	0.14	7.17	45	0.09	11.52	0.10	10.13	0.11	8.90
29	0.19	5.30	0.11	9.24	0.14	7.20	46	0.09	11.56	0.10	10.26	0.11	8.93
30	0.18	5.66	0.11	9.26	0.14	7.29	47	0.09	11.56	0.09	10.58	0.11	9.06
31	0.10	9.92	0.11	9.33	0.13	7.55	48	0.09	11.71	0.09	10.66	0.11	9.08
32	0.10	10.01	0.11	9.37	0.13	7.95	49	0.09	11.71	0.09	10.66	0.11	9.11
33	0.10	10.04	0.11	9.43	0.12	8.02	50	0.09	11.75	0.09	10.73	0.11	9.13
34	0.10	10.04	0.11	9.47	0.12	8.06	51	0.09	11.75	0.09	10.78	0.11	9.16
35	0.09	10.59	0.10	9.53	0.12	8.21	52	0.08	11.81	0.09	10.79	0.11	9.17
36	0.09	10.88	0.10	9.59	0.12	8.32	53	0.08	11.84	0.09	11.02	0.11	9.21
37	0.09	10.88	0.10	9.63	0.12	8.59	54	0.08	11.87	0.09	11.03	0.11	9.26
38	0.09	11.11	0.10	9.78	0.12	8.65	55	0.08	11.87	0.09	11.07	0.11	9.29
39	0.09	11.19	0.10	9.82	0.11	8.70	56	0.08	11.97	0.09	11.14	0.11	9.33
40	0.09	11.20	0.10	9.86	0.11	8.74	57	0.08	11.97	0.09	11.17	0.11	9.42
41	0.09	11.20	0.10	9.93	0.11	8.77	58	0.08	12.03	0.10	10.04	0.11	9.47
42	0.09	11.36	0.10	9.96	0.11	8.81	59	0.08	12.08	0.10	9.92	0.11	9.25
43	0.09	11.40	0.10	9.97	0.11	8.83	60	0.08	12.14	0.09	11.51	0.12	8.57

10.3.2　木构架主要振型

对西安钟楼木构架部分单独进行计算，前 6 阶振型如图 10.3-2（a）～图 10.3-2（f）所示，主要竖向振型如图 10.3-2（g）所示，自振周期及频率见表 10.3-1。

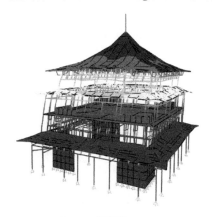

轴侧图　　　　　　　　　　顶视图

（a）

图 10.3-2　木构架部分主要振型
（a）1 阶模态（Y 平动）

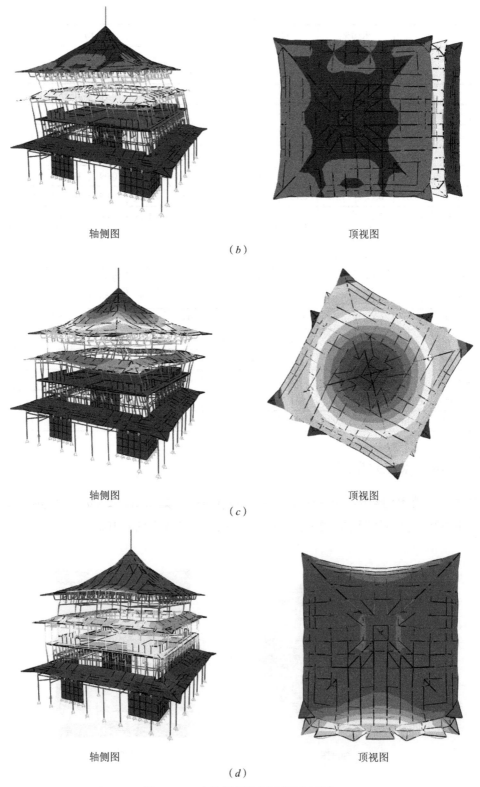

轴侧图   顶视图

（b）

轴侧图   顶视图

（c）

轴侧图   顶视图

（d）

图 10.3-2　木构架部分主要振型（续）

（b）2 阶模态（X 平动）；（c）3 阶模态（XY 扭转）；（d）4 阶模态（Y 平动）

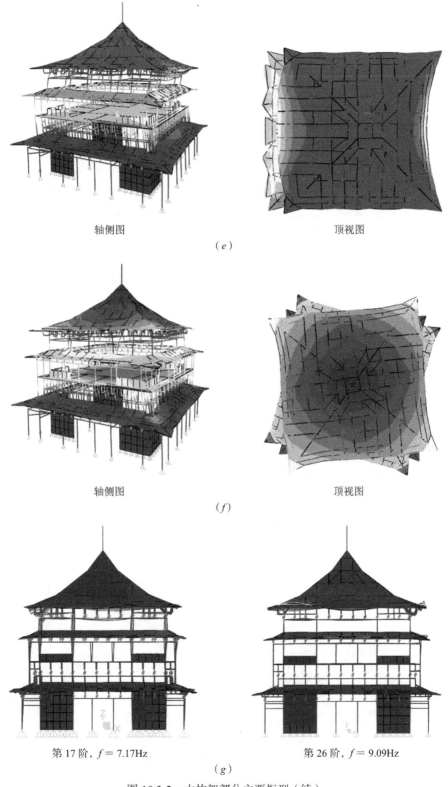

轴侧图 　　　　　　　　　　顶视图

(e)

轴侧图 　　　　　　　　　　顶视图

(f)

第 17 阶，$f = 7.17$Hz 　　　　　　第 26 阶，$f = 9.09$Hz

(g)

图 10.3-2　木构架部分主要振型（续）

(e) 5 阶模态（X 平动）；(f) 6 阶模态（XY 扭转）；(g) 竖向模态

10.3.3 整体结构主要振型

对整体模型进行计算，输出西安钟楼整体模型的前 6 阶模态如图 10.3-3（a）~图 10.3-3（g）所示，结构主要的竖向模态为第 15、31 阶，自振周期及频率见表 10.3-1。

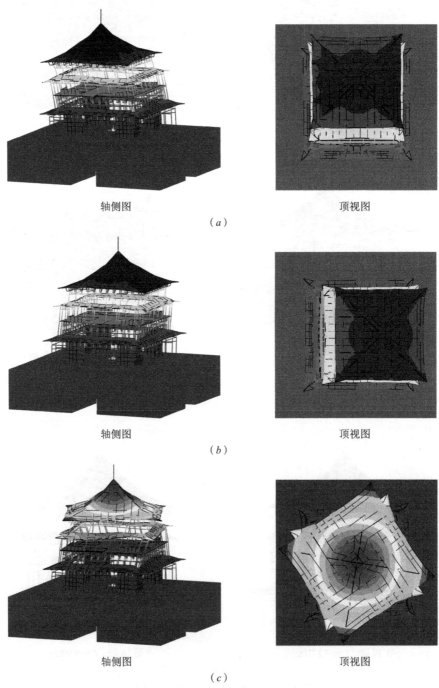

轴侧图　　　　　　　　　　　顶视图

（a）

轴侧图　　　　　　　　　　　顶视图

（b）

轴侧图　　　　　　　　　　　顶视图

（c）

图 10.3-3　整体结构主要振型
（a）1 阶模态（Y 平动）；（b）2 阶模态（X 平动）；（c）3 阶模态（XY 扭转）

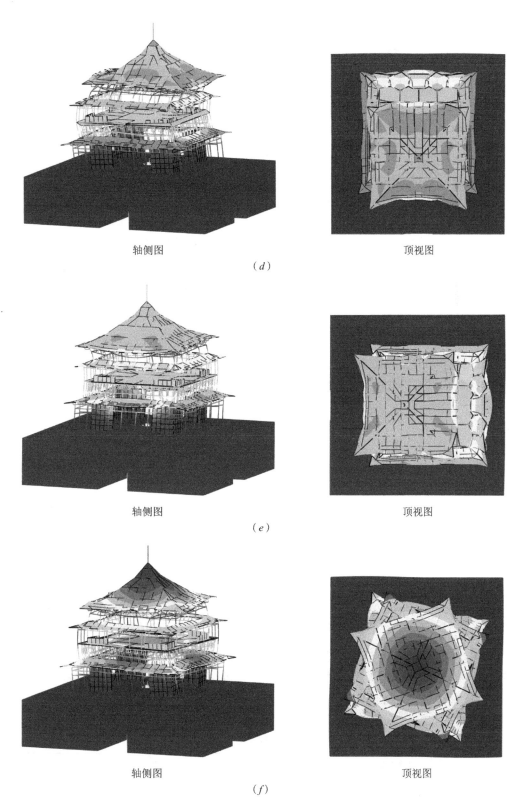

轴侧图　　　　　　　　　　　　　顶视图

（d）

轴侧图　　　　　　　　　　　　　顶视图

（e）

轴侧图　　　　　　　　　　　　　顶视图

（f）

图 10.3-3　整体结构主要振型（续）

（d）4 阶模态（Y 平动）；（e）5 阶模态（X 平动）；（f）6 阶模态（XY 扭转）

第 15 阶模态，$f = 6.32$Hz

第 31 阶模态，$f = 7.55$Hz

（g）

图 10.3-3　整体结构主要振型（续）

（g）竖向模态

前 60 阶模态的质量参与系数在水平两个方向均达到 90% 以上，输出结构前 60 阶的模态信息见表 10.3.1。对比 1/2 阶和 3/4 阶振型结果可知，钟楼整体结构模型沿 X 和 Y 轴方向动力特性一致，说明结构刚度和质量沿 X 和 Y 方向对称分布。扭转振型发生在平动振型之后，平扭周期比（第 3 阶周期比第 1 阶周期）为 0.75，说明结构具有较好的抗扭能力。

台基的刚度大，自振频率最高。由于台基的影响，木构架的自振频率略高于整体结构的自振频率，两者差异不大。

10.4　风荷载工况计算分析

10.4.1　风荷载取值

按照现行国家标准《建筑结构荷载规范》GB 50009 对西安钟楼施加风荷载，西安地区 50 年基本风压为 0.35kN/m²，100 年基本风压为 0.40kN/m²。地面粗糙度取 B 类，体型系数取 1.40。钟楼大屋面顶部高度大于 30m，计算时考虑风压脉动对结构产生顺风向风振的影响，详细风荷载参数见表 10.4-1。

风荷载参数　　　　　　　　　　　　　　　　　表 10.4-1

建筑参数		风场地貌参数	
总高度 H	32.09	地貌类型	B 类
迎风面宽度 B	36.08（台基） 22.00（上部）	50 年基本风压 w_0（kPa）	0.35

续表

建筑参数		风场地貌参数	
侧面宽度 D	22.00	100 年基本风压 w_0（kPa）	0.45
建筑体型系数 μ_s	1.40	梯度风高度（m）	350
结构顺风向第 1 阶自振周期 T_1	1.03	10m 高度名义湍流强度 I_{10}	0.14
结构横风向第 1 阶自振周期 T_t	1.03	地面粗糙度指数 α	0.15
结构扭转第 1 阶自振周期 T_{t1}	0.89	—	

台基部分风荷载施加在台基顶面，木结构部分风荷载施加在外檐、木楼板及屋盖上，其中攒尖屋顶部分挡风面积取 0.5。风荷载施加位置及标准值见表 10.4-2。按照表 10.4-1 计算得到结构的风荷载以节点力的形式施加在表 10.4-2 中固定的标高位置。

风荷载施加位置及标准值　　　　　　　　　　　　表 10.4-2

加载位置	离地高度（m）	风振系数 β_z		风荷载标准值 w_k（kN/m²）	
		50 年	100 年	50 年	100 年
1	9.18	1.35	1.35	0.66	0.85
2	14.88	1.45	1.46	0.80	1.04
3	17.88	1.49	1.50	0.87	1.13
4	21.88	1.55	1.57	0.96	1.24
5	24.88	1.60	1.61	1.03	1.33
6	32.08	1.72	1.73	1.19	1.55

10.4.2　变形计算结果

西安钟楼外立面和体型在 X 方向和 Y 方向一致，计算时考虑风荷载方向与 X 轴夹角为 0° 和 45° 两种工况进行计算，分别计算 50 年和 100 年风荷载下西安钟楼的变形，位移云图如图 10.4-1 所示。

提取 0° 方向风荷载作用下关键位置的水平位移，见表 10.4-3。提取 45° 方向风荷载作用下关键位置的水平位移（X 和 Y 向位移的 SRSS 组合），见表 10.4-4。

采用各楼层位移的平均值计算上部结构的层间位移角，二层高由二层地面（木楼板）取至二层老檐柱顶部，大屋盖层高由二层老檐柱顶部取至大屋盖攒尖处，各工况下层间位移角详见表 10.4-5。

由表 10.4-5 可以看出，风荷载在 0° 方向和 45° 方向基本一致，这是因为结构在两个水平方向上刚度一致。风荷载作用下台基部分在风荷载作用下变形非常小可以忽略不计。木构架部分：一层由于填充墙的刚度较大，一层的层间变形远小于二层的层间变形。二层在 100 年风压作用下最大层间位移角为 1/583rad。

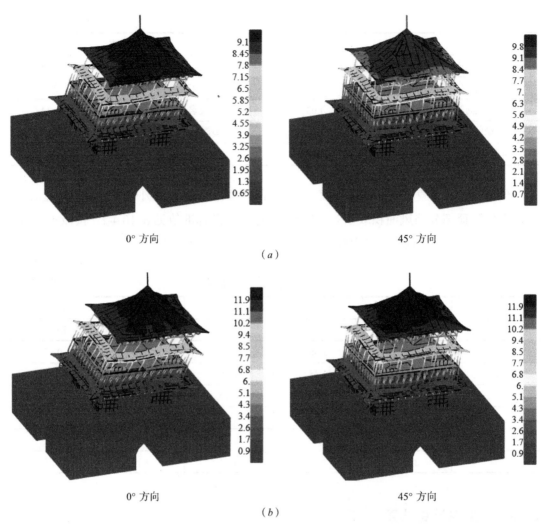

图 10.4-1　风荷载作用下结构变形云图（mm）

（a）50 年风荷载；（b）100 年风荷载

风荷载（0°方向）作用下结构水平位移（mm）　　　　表 10.4-3

高度位置	老檐柱（边柱）		老檐柱（角柱）		内金柱		平均	
	50 年	100 年	50 年	100 年	50 年	100 年	50 年	100 年
台基顶面 （标高：±0.000m）	0.09	0.11	0.13	0.17	0.07	0.10	0.10	0.13
二层地面木楼板 （标高：+8.230m）	3.15	4.10	3.18	4.13	3.14	4.08	3.16	4.10
二层柱顶（老檐柱顶） （标高：+14.220m）	7.89	10.25	7.87	10.23	7.88	10.25	7.88	10.24
屋顶 （标高：+22.905m）	—	—	—	—	—	—	9.18	11.93

风荷载（45°方向）作用下结构水平位移（mm）　　表 10.4-4

高度位置	老檐柱（边柱）		老檐柱（角柱）		内金柱		平均	
	50 年	100 年	50 年	100 年	50 年	100 年	50 年	100 年
台基顶面 （标高：±0.000m）	0.06	0.10	0.11	0.15	0.07	0.09	0.08	0.11
二层地面木楼板 （标高：+8.230m）	3.17	4.12	3.21	4.16	3.20	4.16	3.19	4.15
二层柱顶（老檐柱顶） （标高：+14.220m）	7.91	10.29	7.91	10.28	7.90	10.27	7.91	10.28
屋顶 （标高：+22.905m）	—	—	—	—	—	—	9.23	11.99

风荷载作用下结构层间位移角（rad）　　表 10.4-5

结构部位		0°方向		45°方向	
		50 年风压	100 年风压	50 年风压	100 年风压
台基部分		1/91800	1/70615	1/114750	1/83455
上部结构	一层	1/2604	1/2007	1/2580	1/1983
	二层	1/760	1/585	1/757	1/583
	大屋盖	1/946	1/728	1/941	1/724
	木构架整体	1/2495	1/1919	1/2481	1/1910

10.4.3　应力计算结果

风荷载下台基部分变形很小，本节主要对木构架部分的应力计算结果进行分析。

1. 风荷载工况

计算风荷载单工况下木构架的应力，如图 10.4-2 所示。其中，50 年风压工况如图 10.4.2（a）、图 10.4.2（b）所示，木结构部分最大应力为 2.45MPa，最小应力为 −2.10MPa。100 年风压工况如图 10.4.2（c）、图 10.4.2（d）所示，木结构部分最大应力为 3.15MPa，最小应力为 −2.70MPa，可认为风荷载作用下西安钟楼木结构部分应力水平较低。

2. 标准组合工况

按照标准组合（1.0×恒荷载＋1.0×活荷载＋1.0×风荷载）输出结构中各部分应力，如图 10.4-3 所示。50 年风压工况［图 10.4-3（a）、图 10.4-3（b）］下木结构部分最大应力为 11.17MPa，最小应力为 −9.41MPa。100 年风压工况［图 10.4-3（c）、图 10.4-3（d）］下木结构部分最大应力为 11.61MPa，最小应力为 −9.60MPa，风荷载作用对西安钟楼木结构部分应力影响较低。

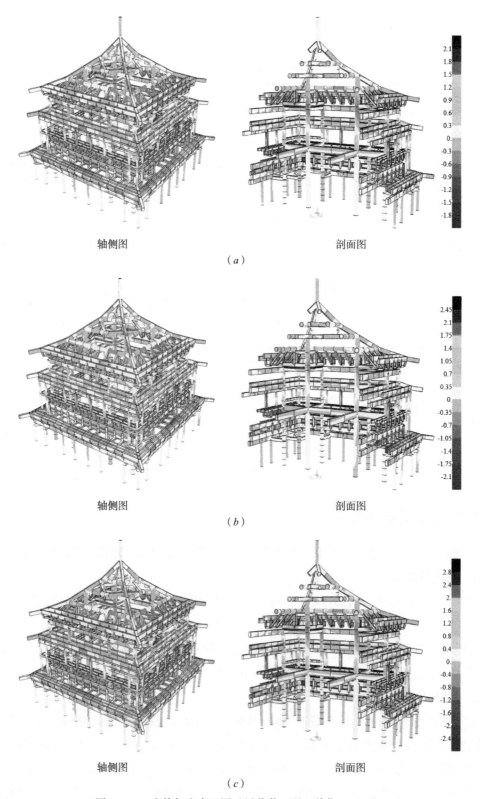

图 10.4-2　木构架应力云图（风荷载工况，单位：MPa）

（a）风荷载 0° 方向（50 年风压）；（b）风荷载 45° 方向（50 年风压）；（c）风荷载 0° 方向（100 年风压）

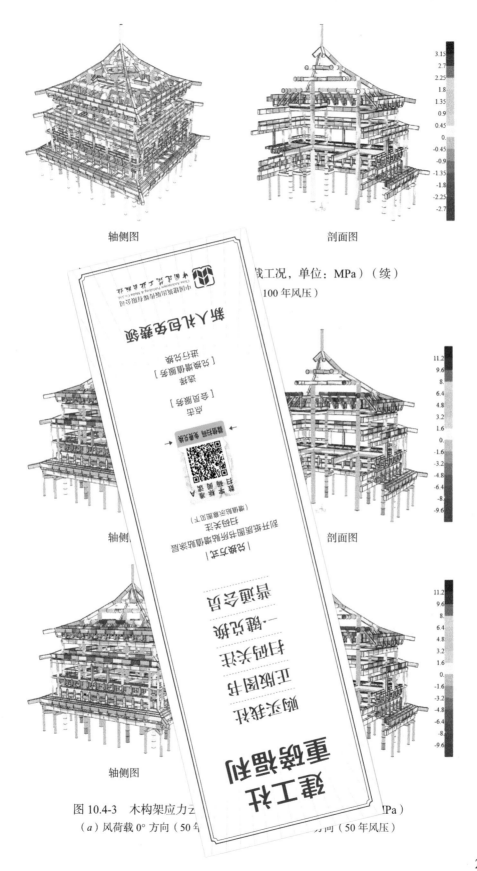

轴侧图　　　　　　　　　　　　　剖面图

（……载工况，单位：MPa）（续）

（……100 年风压）

轴侧……　　　　　　　　　　　　剖面图

轴侧图

图 10.4-3　木构架应力云……MPa）
（a）风荷载 0° 方向（50 年……方向（50 年风压）

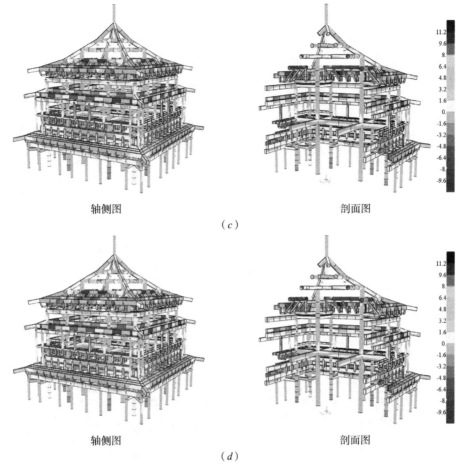

轴侧图　　　　　　　　　　　　剖面图

（c）

轴侧图　　　　　　　　　　　　剖面图

（d）

图 10.4-3　木构架应力云图（风荷载标准组合工况，单位：MPa）（续）

（c）风荷载 0° 方向（100 年风压）；（d）风荷载 45° 方向（100 年风压）

10.5　地震工况计算分析

10.5.1　地震作用

按照现行国家标准《中国地震动参数区划图》GB 18306，西安钟楼抗震设防烈度为 8 度，地震分组第二组。地震作用考虑两级地震作用：

（1）多遇地震（地面水平峰值加速度 $PGA = 70$gal），按照现行国家标准《建筑抗震设计规范（2016 年版）》GB 50011 中 8 度区多遇地震定义加速度反应谱，其中场地特征周期为 0.40s，水平最大地震影响系数为 $0.1776g$，竖向最大地震影响系数为 $0.1154g$。

（2）罕遇地震（地面水平峰值加速度 $PGA = 400$gal），按照现行国家标准《建筑抗震设计规范（2016 年版）》GB 50011 中 8 度区罕遇地震定义加速度反应谱，其中场地特征周期为 0.45s，水平最大地震影响系数为 $0.90g$，竖向最大地震影响系数为 $0.585g$。

地震作用采用振型分解反应谱法，组合前 60 阶振型（X 方向质量参与系数 93.2%，Y 方向质量参与系数 93.2%，Z 方向质量参与系数 82%）进行分析计算。多遇地震下结构的阻尼比取 3.5%（参考西安建筑科技大学博士论文《西安钟楼的交通振动响应分析及评估》孟昭博）；罕遇地震作用下结构的阻尼会有所增加取 5%。

10.5.2　变形计算结果

计算得到结构 X、Y、Z 三个方向的地震变形，由图 10.5-1（a）和图 10.5-1（b）可以看出结构 X 和 Y 方向地震作用下结构的水平位移幅度基本一致，且最大位移均发生在塔尖（多遇地震：19.16mm，罕遇地震：108.98mm）。

由图 10.5-1（c）可以看出竖向地震作用下，结构的变形较小，位移较大处发生在大屋盖底部的跨中位置，塔尖的竖向位移多遇地震下为 1.09mm，罕遇地震下为 6.18mm，结构竖向位移较小，说明竖向地震对西安钟楼结构影响较小。

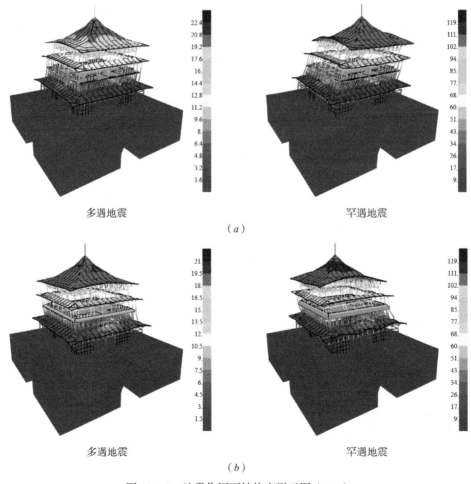

图 10.5-1　地震作用下结构变形云图（mm）
（a）X 方向；（b）Y 方向

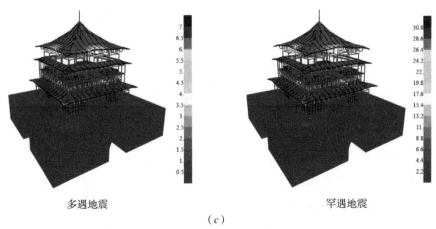

多遇地震	罕遇地震

（c）

图 10.5-1　地震作用下结构变形云图（mm）（续）

（c）Z 方向（垂直）

建筑结构的变形通常采用位移角进行考核，计算 X 方向地震作用下主要位置在 X 方向的位移，见表 10.5-1。

地震作用下结构水平位移（mm）　　　　　　　　　　　　表 10.5-1

高度位置	老檐柱（边柱）		老檐柱（角柱）		内金柱		平均值	
	多遇地震	罕遇地震	多遇地震	罕遇地震	多遇地震	罕遇地震	多遇地震	罕遇地震
台基顶面 （标高：±0.000m）	1.63	8.41	0.98	5.10	1.59	8.26	1.40	7.26
二层地面木楼板 （标高：+8.230m）	8.39	44.44	8.32	44.10	8.20	43.52	8.30	44.02
二层柱顶（老檐柱顶） （标高：+14.220m）	15.07	86.00	15.24	87.04	15.29	87.33	15.20	86.79
屋顶 （标高：+22.905m）	—	—	—	—	—	—	19.16	108.98

采用表 10.5-1 中各楼层位移的平均值计算上部结构的层间位移角，二层高由二层地面（木楼板）取至二层老檐柱顶部，大屋盖层高由二层老檐柱顶部取至大屋盖攒尖处，地震作用下各层的层间位移角见表 10.5-2。

地震作用下结构层间位移角（rad）　　　　　　　　　　　表 10.5-2

结构部位		层间位移角	
		多遇地震	罕遇地震
台基		1/6557	1/1264
上部结构	一层	1/992	1/187
	二层	1/394	1/70
	大屋盖	1/453	1/80
	木构架整体	1/1195	1/211

由表 10.5-2 可以看出，地震作用下台基的层间位移较小。多遇地震下木构架部分最大层间位移角发生在二层，多遇地震下层间位移角最大值为 1/394rad，满足 1/250 的位移角要求。罕遇地震下层间位移角最大值为 1/70，能够满足现行国家标准《古建筑木结构维护与加固技术标准》GB/T 50165 中对古建筑木结构罕遇地震 1/30 的限值要求。

10.5.3　应力计算结果

1. 地震作用工况

西安钟楼结构沿 X 和 Y 轴对称，以 X 方向地震为代表输出水平地震作用下木构架部分的应力，如图 10.5-2 所示。

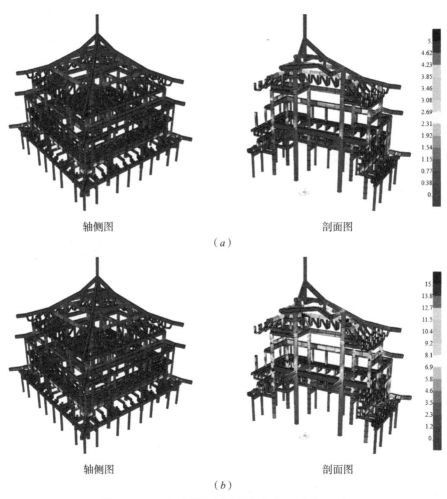

图 10.5-2　X 向地震作用下结构应力云图（MPa）
（a）多遇地震；（b）罕遇地震

由图 10.5-2 可知，水平方向地震主要对一层梁结构应力影响较大。其中多遇地震工况［图 10.5-2（a）］下木结构部分最大应力为 4.85MPa，罕遇地震工况［图 10.5-2（b）］下

211

木结构部分最大应力为 14.35MPa。

为分析竖向地震对钟楼的影响，输出 Z 方向地震作用下木构架的应力计算结果，如图 10.5-3 所示。

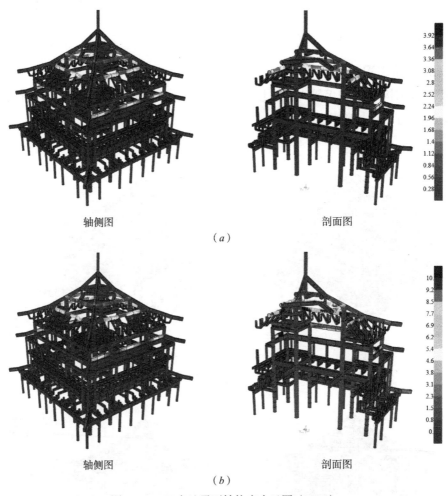

轴侧图　　　　　　　　　　　　　　剖面图

（a）

轴侧图　　　　　　　　　　　　　　剖面图

（b）

图 10.5-3　Z 向地震下结构应力云图（MPa）

（a）多遇地震；（b）罕遇地震

由图 10.5-3 可知，竖向地震作用主要对大屋盖部分的梁影响较大，多遇地震工况 ［图 10.5-3（a）］下木结构部分最大应力为 3.92MPa，罕遇地震工况 ［图 10.5-3（b）］下木结构部分最大应力为 9.60MPa。

2. 标准组合工况

地震作用下标准组合按照水平单向组合和多方向地震组合分别为：

（1）单向组合

考虑重力荷载代表值与单向水平地震组合，即 1.0× 恒荷载 + 0.5× 活荷载 + 1.0× 单向地震作用（X 向），应力云图如图 10.5-4 所示。多遇地震下木构架最大应力 12MPa。

罕遇地震下竖向构件最大应力为 18.5MPa，发生在梁柱节点位置；罕遇地震作用下木构架最大应力为 25MPa，应力较大区域在屋盖位置。

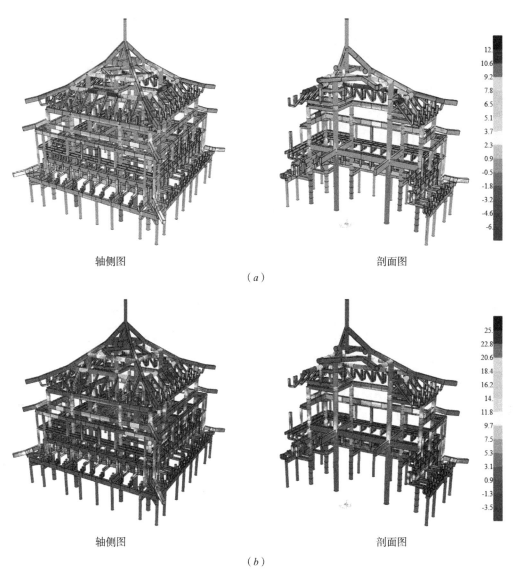

轴侧图　　　　　　　　　　　　　剖面图

（*a*）

轴侧图　　　　　　　　　　　　　剖面图

（*b*）

图 10.5-4　单向地震标准下结构应力云图（MPa）
（*a*）多遇地震；（*b*）罕遇地震

（2）多向组合

考虑重力荷载代表值与三个方向水平地震组合，即 1.0× 恒荷载＋0.5× 活荷载＋1.0× 多向地震作用（1.0×X 向地震＋0.85×Y 向地震＋0.65×Z 向地震），应力云图如图 10.5-5 所示。多遇地震下木构架最大应力为 18.0MPa，罕遇地震下竖向构件最大应力为 23.8MPa，发生在梁柱节点位置；罕遇地震作用下木构架最大应力为 40.0MPa，应力较大区域在屋盖及一、二层枋位置处。

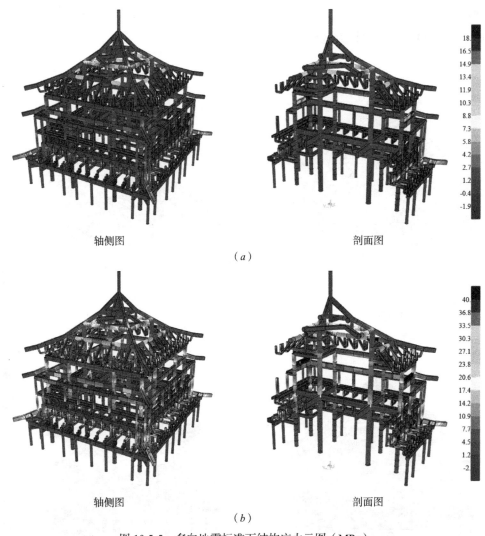

轴侧图　　　　　　　　　　　　　剖面图
（a）

轴侧图　　　　　　　　　　　　　剖面图
（b）

图 10.5-5　多向地震标准下结构应力云图（MPa）
（a）多遇地震；（b）罕遇地震

10.6　振动性能计算分析

10.6.1　有限元模型

1. 模型建立

采用 ABAQUS 软件（2022 版）对西安钟楼及下部土体进行建模。西安钟楼上部结构模型分为两部分：

（1）土体及台基部分：考虑地面交通和地铁线路，台基以下部分土体部分建模尺寸为 200m（长）×200m（宽）×60m（高），建立车道及地铁隧道等物项，台基部分与下部土体建模考虑为一体，如图 10.6-1（a）所示。土体及台基均采用实体单元（C3D8R 和 C3D10），综合考虑几何与振动传递波速，单元网格采用 2500mm，如图 10.6-1（b）所示。

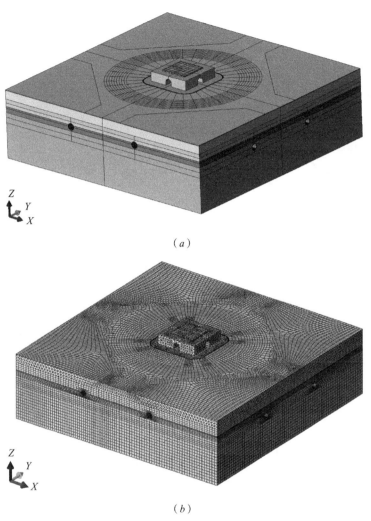

（a）

（b）

图 10.6-1　土体及台基部分模型
（a）几何模型；（b）网格划分

地铁考虑二号线和六号线的隧道，隧道断面为圆形，直径 6m，衬砌厚度为 0.3m。二号线隧道顶部距离地表为 13m，六号线隧道顶部距离地表为 21m，水平距离钟楼中心为 32.75m。隔离桩设置为实体单元，沿钟楼四周一圈设置，呈矩形（边长为 51m），桩长为 28.85m，隔离桩材质为 C30 混凝土，模型中的隔离桩如图 10.6-2 所示。

（2）上部结构部分：梁、椽子、枋、柱等采用 2 节点梁单元（B31 单元），木构架中主要构件的截面尺寸见表 10.6-1。

古建筑中包含大量复杂的非结构构件，本模型中主要考虑对整体刚度影响较大的砌体填充墙部分，分布于结构一层和二层的四个角部，首层墙体厚度 1000mm，二层墙体厚度

300mm。屋面板及二层楼板采用3/4节点壳单元（S3/4R单元），上部结构柱子底部节点与下部台基顶部节点通过节点耦合连接，柱子底部释放弯曲约束，采用铰接约束模拟木结构柱底与柱础的关系，如图10.6-3所示。

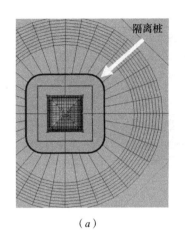

（a）

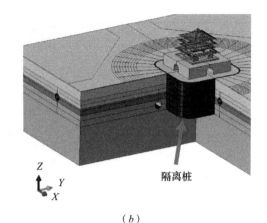

（b）

图 10.6-2　模型中隔离桩
（a）平面图；（b）轴侧图

木构架主要构件截面尺寸　　　　　　　　　　表 10.6-1

编号	构件名称	截面形状	截面尺寸（mm）	备注
1	外檐柱	圆形	$d = 400$	直径
2	二层外檐中柱	矩形	260×260	宽×高
3	老檐柱	圆形	$d = 600$	直径
4	内金柱	圆形	$d = 720$	直径
5	梅花柱	圆形	$d = 350$	直径
6	攒尖	圆形	$d = 460$	直径
7	转换柱1	矩形	350×350	宽×高
8	转换柱2	矩形	400×400	宽×高
9	老檐柱额枋	矩形	330×660	宽×高
10	内金柱额枋	矩形	300×800	宽×高
11	一层檐柱额枋	矩形	330×660	宽×高
12	二层檐柱额枋	矩形	260×530	宽×高
13	一层穿插枋	矩形	360×420	宽×高
14	二层穿插枋	矩形	280×300	宽×高
15	屋脊梁	矩形	360×540	宽×高
16	转换梁1	矩形	275×320	宽×高
17	转换梁2	矩形	400×480	宽×高

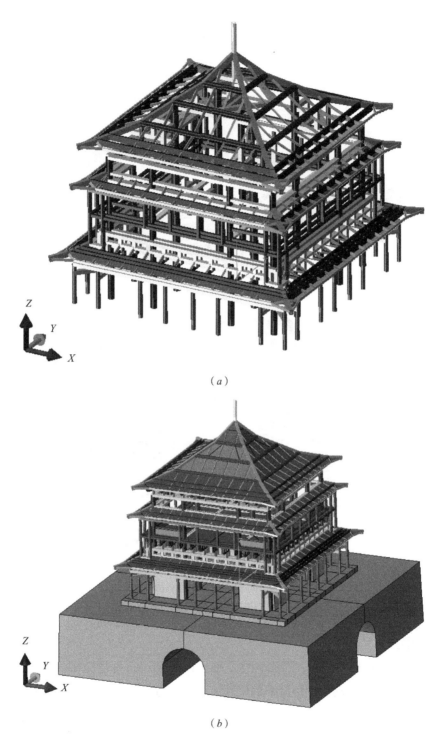

（a）

（b）

图 10.6-3　上部结构模型

（a）木构架部分；（b）台基及木构架

　　西安钟楼及下部土体整体模型网格如图 10.6-4 所示。整个模型共计 487704 个实体单元、820 个壳单元和 14193 个梁单元。

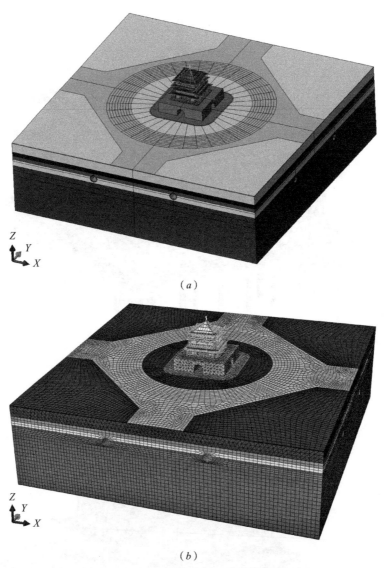

（a）

（b）

图 10.6-4　西安钟楼及土体整体模型

（a）几何模型；（b）有限元网格

2. 模型参数

根据地勘报告及相关研究，西安钟楼下部土体部分 60m 深度范围内简化为 5 个土层
（参考《西安地铁列车振动对钟楼影响的研究》北京交通大学硕士论文，陈瑞春），参数见
表 10.6-2。

土层参数　　　　　　　　　　　　　　　　　　表 10.6-2

序号	土层名称	密度（kg/m³）	动弹性模量（MPa）	动泊松比	土层厚度（m）
1	素填土	1820	341	0.22	8
2	新黄土	1900	294	0.25	3.5

序号	土层名称	密度（kg/m³）	动弹性模量（MPa）	动泊松比	土层厚度（m）
3	古土壤	1980	309	0.26	3
4	老黄土	2000	418	0.25	5.35
5	粉质黏土	2030	697	0.21	40.15

根据俞茂宏等对西安北门箭楼研究中对旧木材力学特性的研究成果进行的修正，取顺纹方向静弹性模量的 1.2 倍。隧道衬砌为 C30 混凝土动弹性模量取静弹性模量的 1.4 倍。二号线中轨道设置了浮置板，根据研究成果将浮置板等效为实体单元进行建模，其材料属性根据其构造将弹簧刚度属性进行等效，材料属性详见表 10.6-3。

材料属性　　　　　　　　　　　　　　　　　　　　表 10.6-3

材料	密度（kg/m³）	动弹性模量（MPa）	动泊松比
木材	410	9960	0.3
台基	1900	2000	0.3
隔离桩	2600	42000	0.3
砖砌体	2100	3122	0.3
衬砌（C30 混凝土）	2600	42000	0.3
轨道浮置板（等效）	2600	3.6	0.3

黏弹性人工边界对散射波长的假设更符合截断边界处土体相互作用关系，其基本原理是用阻尼力来代替未被考虑的土体与现有土体之间的相互作用，将阻尼器设置在模型的边界上，利用黏性阻尼器来吸收波的反射能量，其阻尼力可表示为：

$$F_x = \rho V_S \dot{u}_x \overline{A} \qquad (10.6\text{-}1)$$

$$F_y = \rho V_S \dot{u}_y \overline{A} \qquad (10.6\text{-}2)$$

$$F_z = \rho V_P \dot{u}_z \overline{A} \qquad (10.6\text{-}3)$$

式中　　$\overline{A}$——黏性边界上单元所对应的面积；

$\dot{u}_x$, $\dot{u}_y$, $\dot{u}_z$——黏性边界节点的 X 切向、Y 切向和法向速度；

　　　　ρ——介质密度；

　　　　V_P——介质的 P 波；

　　　　V_S——介质的 S 波。

设置弹簧阻尼吸收边界，即黏弹性人工边界，弹簧刚度系数选用地基反力系数，阻尼系数可表示为：

法向边界：　　　　　　　　　　$C_{ni} = c_{pi} A_i$ 　　　　　　　　（10.6-4）

切向边界：　　　　　　　　　　$C_{\tau i} = c_{si} A_i$ 　　　　　　　　（10.6-5）

式中　$c_{\mathrm{p}i}$——不同土层剪切波的单位面积阻尼常数；

　　　c_{si}——不同土层压缩波的单位面积阻尼常数；

　　　A_i——边界点 i 所代表的单元面积。

单位面积阻尼常数 c_{si} 和 $c_{\mathrm{p}i}$ 可按下式计算（结果见表 10.6-4）：

$$c_{\mathrm{p}i} = \rho_i \sqrt{\frac{\lambda + 2G}{\rho_i}} \qquad (10.6\text{-}6)$$

$$c_{si} = \rho_i \sqrt{\frac{G}{\rho_i}} \qquad (10.6\text{-}7)$$

式中　$\lambda = \dfrac{vE}{(1+v)(1-2v)}$；

　　　$G = \dfrac{E}{2(1+v)}$；

　　　ρ_i——材料的密度；

　　　E——弹性模量；

　　　v——泊松比。

黏弹性边界力学参数

表 10.6-4

序号	土层名称	密度（kg/m³）	弹簧刚度系数（kN/m³）			阻尼系数（kN·s/m）	
			X 方向	Y 方向	Z 方向	C_{p}（压缩波）	C_s（剪切波）
1	素填土	1920	16976	16976	—	622	333
2	新黄土	1820	41554	41554	—	922	475
3	古土壤	1900	65682	65682	—	1136	584
4	老黄土	1980	61532	61532	—	1390	631
5	粉质黏土	2000	34969	34969	22379	1636	695

阻尼与结构本身及周围介质的黏性、摩擦耗能、地基土的能量耗散有关。本书计算模型中采用 Rayleigh 黏性比例阻尼计算阻尼矩阵。假定多自由度体系的结构阻尼矩阵 $[C]$ 为质量刚度矩阵 $[M]$ 和刚度矩阵 $[K]$ 的线性组合，可表示为：

$$[C] = \alpha[M] + \beta[K] \qquad (10.6\text{-}8)$$

式中　　　　α——质量阻尼系数；

　　　　　　β——刚度阻尼系数；

$[C]$、$[M]$、$[K]$——系统的阻尼矩阵、质量矩阵、刚度矩阵。

当已知与任意两个特定频率（振型）相关的阻尼比 ξ_i、ξ_j 时，则瑞利阻尼系数 α 和 β 的表达式为：

$$\begin{pmatrix} \xi_i \\ \xi_k \end{pmatrix} = \frac{1}{2} \begin{pmatrix} 1/\omega_i & \omega_i \\ 1/\omega_k & \omega_k \end{pmatrix} \begin{pmatrix} \alpha \\ \beta \end{pmatrix} \qquad （10.6\text{-}9）$$

阻尼比随频率变化较复杂，一般假定两个控制频率的阻尼比相等，即

$$\xi_i = \xi_k = \xi \qquad （10.6\text{-}10）$$

则上式可简化为：

$$\alpha = \frac{2\omega_i\omega_k\zeta}{\omega_i + \omega_k} \qquad （10.6\text{-}11）$$

$$\beta = \frac{2\zeta}{\omega_i + \omega_k} \qquad （10.6\text{-}12）$$

在结构动力反应分析时，通常选用振型参与系数较大的两个振型的阻尼比。由于地铁振动所产生的能量较小，土体处于弹性状态，因此体系阻尼比可以取较小值，取 3%。木结构部分阻尼比取 3.5%（参考西安建筑科技大学博士论文《西安钟楼的交通振动响应分析及评估》孟昭博）。混凝土及砌体部分阻尼比取 5%。

参考文献《西安地铁六号线运营振动对钟楼的影响评估》西安市地下铁道有限责任公司，2012）得，$f_k = 40\text{Hz}$，$\omega_k = 2\pi f_k = 251.2\text{Hz}$，最低频率 $f_i = 1\text{Hz}$，$\omega_i = 2\pi f_i = 6.28\text{Hz}$。结合各材料的固有阻尼比代入式（10.6-11）和式（10.6-12）可以得到各材料的质量阻尼系数和刚度阻尼系数，见表 10.6-5。

阻尼系数　　　　　　　　　　　　　　　　表 10.6-5

序号	材料	固有阻尼比	阻尼系数	
			质量阻尼系数 α	刚度阻尼系数 β
1	土体	3%	0.3676	0.0002
2	木材	3.5%	0.4289	0.0003
3	混凝土／砖砌体	5%	0.6127	0.0004

3. 模态信息

结构部分考虑结构自重，施加非结构质量考虑在振动中的惯性作用，屋盖部分质量按照 4.5kN/m^2，楼板部分考虑活荷载质量按照 4.75kN/m^2。首先，单独对钟楼的台基和木构架进行模态分析，在台基底部及全部土体部分施加固定约束，钟楼上部结构的前 3 阶振型如图 10.6-5 所示。

计算钟楼上部结构部分前 15 阶模态，周期和频率见表 10.6-6。

对钟楼及土体的整体模型进行模态分析，对土体施加黏弹性边界后求解模态，主要振型如图 10.6-6 所示。

计算整体模型前 15 阶模态，周期和频率见表 10.6-7。

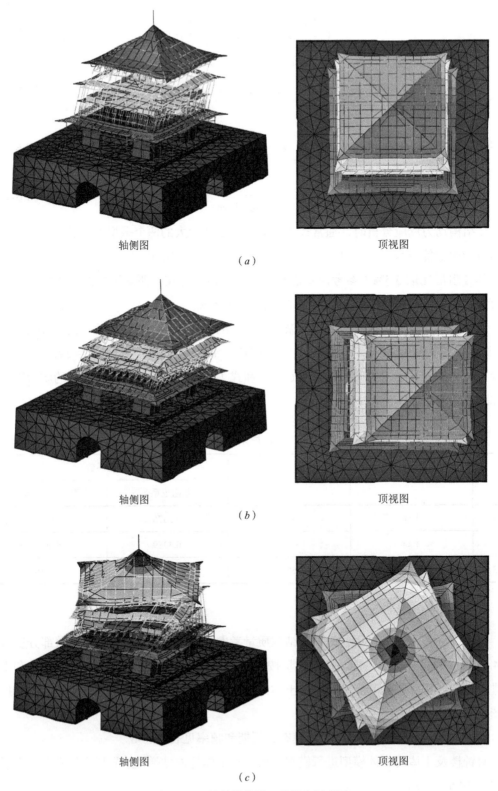

轴侧图 顶视图

（*a*）

轴侧图 顶视图

（*b*）

轴侧图 顶视图

（*c*）

图 10.6-5　钟楼结构前 3 阶模态振型图
（*a*）1 阶模态（*Y* 平动）；（*b*）2 阶模态（*X* 平动）；（*c*）3 阶模态（*XY* 扭转）

上部结构模态信息　　　　　　　　　　　　　表 10.6-6

序号	频率（Hz）	周期（s）
1	1.68	0.60
2	1.72	0.58
3	2.20	0.45
4	4.59	0.22
5	4.64	0.22
6	4.69	0.21
7	5.50	0.18
8	6.38	0.16
9	6.41	0.16
10	6.92	0.14
11	7.14	0.14
12	7.54	0.13
13	7.61	0.13
14	7.63	0.13
15	7.67	0.13

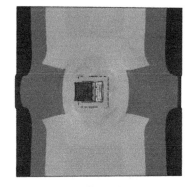

轴侧图　　　　　　　　　　　　　　　顶视图

（a）

轴侧图　　　　　　　　　　　　　　　顶视图

（b）

图 10.6-6　整体模型主要振型图
（a）X 方向平动（第 1 阶）；（b）Y 方向平动（第 2 阶）

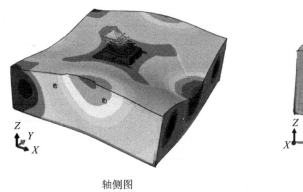

轴侧图 顶视图

（c）

图 10.6-6　整体模型主要振型图（续）

（c）竖向平动（第 10 阶）

整体模型模态信息　　　　　　　　表 10.6-7

序号	频率（Hz）	周期（s）
1	1.63	0.61
2	1.66	0.60
3	1.72	0.58
4	1.74	0.58
5	1.78	0.56
6	1.84	0.54
7	2.02	0.50
8	2.02	0.50
9	2.03	0.49
10	2.08	0.48
11	2.18	0.46
12	2.19	0.46
13	2.25	0.44
14	2.29	0.44
15	2.50	0.40

4. 安全性评价准则

交通振动计算结果的评定按照现行国家标准《古建筑防工业振动技术规范》GB/T 50452 进行。西安钟楼属于国家重点文物保护单位，其中台基部分按照砖结构的标准进行评定，台基部分剪切波速较低，根据现行国家标准《古建筑防工业振动技术规范》GB/T 50452 得到钟楼台基顶部水平速度限值为 0.15mm/s。木结构部分按照木结构的振动标准进行评定，西安钟楼的木材顺纹波速为 4490m/s，根据现行国家标准《古建筑防工业振动技术规范》GB/T 50452 得到木结构部分柱顶的容许振动水平速度限值为 0.18mm/s。

除上述规范规定外，国家文物局在"关于《西安市城市快速轨道交通二号线通过钟楼及城墙文物保护方案》（陕文物字［2006］226 号）"中要求：地铁列车运行引起的钟楼和城墙地面的竖直振动速度不得超过 0.15～0.20mm/s。综上，西安钟楼适用的交通振动容许振动速度限值见表 10.6-8。

振动速度限值　　　　　　　　　　　表 10.6-8

部位	控制点位置	方向	速度限值（mm/s）
地面	地面	竖向	0.15～0.20
台基部分	台基顶面	水平	0.15
木结构部分	木柱顶部	水平	0.18

根据表 10.6-8 中判断的位置，以钟楼的实际情况输出计算结果的位置。输出台基底角点、台基顶角点及金柱柱顶的加速度计算结果。

10.6.2　地面交通振动分析

1. 荷载工况

（1）汽车模型

参考论文《交通随机荷载作用下西安城墙结构动力响应分析》（西安建筑科技大学硕士论文，梁志闯）中汽车模型，以及骊山 LS6120 客车车辆参数为：单边静轮重 P_0 = 35kN，弹簧下质量 M_0 = 120N·s^2/m，几何不平顺矢高 a = 2mm，路面几何曲线波长（取车身长）L = 11.65m。采用 1/4 个车辆荷载模型，车辆荷载的表达式为：

$$F(t) = P_0 + P\sin\omega t \qquad (10.6\text{-}13)$$

式中　P_0——车轮的静荷载；

　　　P——振动荷载的幅值。

$$P = M_0 a\omega^2 \qquad (10.6\text{-}14)$$

式中　ω——振动圆频率。

$$\omega = 2\pi v/L \qquad (10.6\text{-}15)$$

式中　v——车速；

　　　L——车身长。

根据实际调研，钟楼盘道车辆较多时车速为 20km/h，车辆较少时车速为 40km/h，分析时按照 v = 20km/h 和 40km/h 求得车辆荷载分别为：

1）20km/h 时速下，汽车荷载为：

$$F(t) = 35000 + 2.61\sin3t \qquad (10.6\text{-}16)$$

2）40km/h 时速下，汽车荷载为：

$$F(t) = 35000 + 8.64\sin6t \qquad (10.6\text{-}17)$$

采用 MATLAB 程序生成 10s 持时（荷载步长为 0.02s）的单个节点上荷载函数如图 10.6-7 所示。

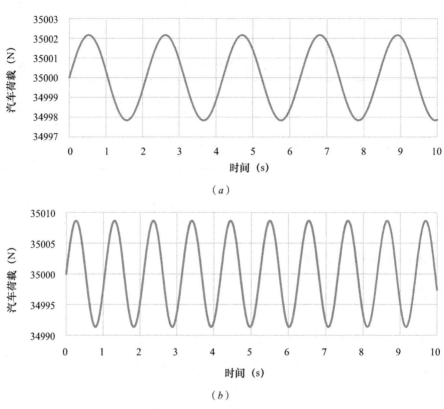

图 10.6-7　汽车荷载时程曲线
（a）时速 $v = 20$km/h；（b）时速 $v = 40$km/h

（2）荷载工况

西安钟楼环岛共 4 个车道，环岛外围有 2 个机动车道。计算时，将外围车道和环岛车道均考虑为环向车道，共建立 5 个环形车道考虑地面交通对钟楼的影响，对车辆布置进行简化，车距设置为 10m，一环共 18 辆车。汽车车速与车流量相关性大，当环岛内汽车拥挤时车速较低，综合考虑车道布置荷载数量和位置，计算分析时考虑两种工况，见表 10.6-9。荷载施加位置为沥青路面，其弹性模量取 1500MPa，泊松比取 0.25，汽车荷载布置情况如图 10.6-8 所示。

地面交通振动荷载工况　　　　　　　　　　　　表 10.6-9

工况编号	车道数量	布置位置	车速（km/h）	模拟情况
JT1	5	全部布置	20	繁忙状况
JT2	3	间隔布置 车道 1、3、5	40	不繁忙状况

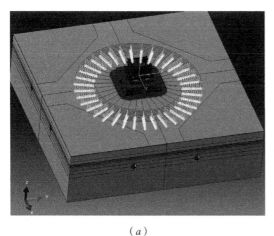 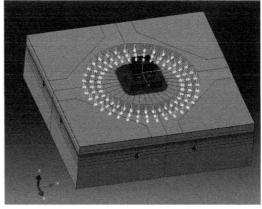

（a）　　　　　　　　　　　　　　　　（b）

图 10.6-8　地面交通荷载工况
（a）JT1 工况（繁忙）；（b）JT2 工况（不繁忙）

2. 计算结果

（1）结构响应

计算采用 ABAQUS 中静力隐式 Standard 在施加荷载处施加静轮重 $P_0 = 35kN$。第二步采用动力隐式算法 Dynamic implicit，积分步长采用 0.02s，采用 Full Newton 求解技术进行动力分析计算，两种工况下台基部分各测点节点速度时程及频谱曲线，如图 10.6-9 所示。

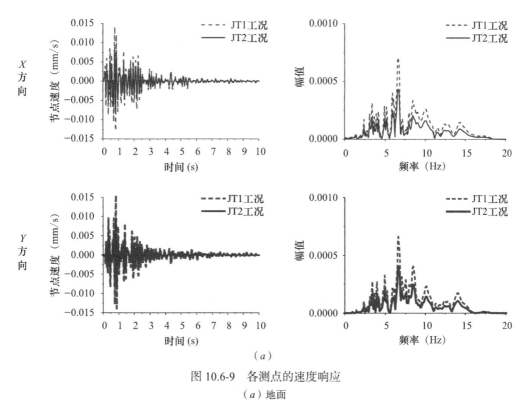

（a）

图 10.6-9　各测点的速度响应
（a）地面

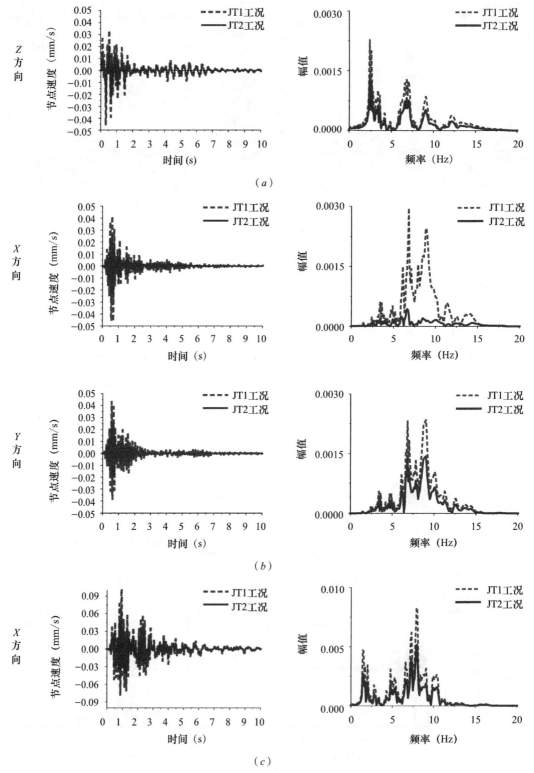

图 10.6-9　各测点的速度响应（续）

（a）地面；（b）台基顶；（c）老檐柱顶

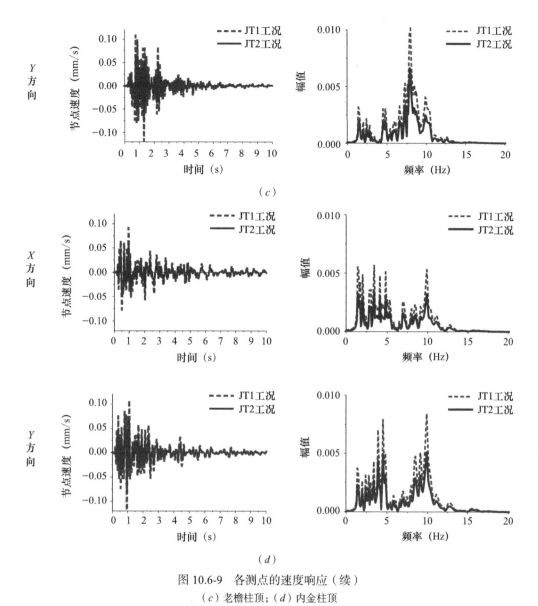

图 10.6-9　各测点的速度响应（续）

（c）老檐柱顶；（d）内金柱顶

由时程曲线图可以看出，在荷载作用初期振动较为明显，随着时间的振动逐渐趋于平缓。从频谱曲线图中可以看出，各测点的振动主要响应在 15.0Hz 以下，在 2～10Hz 区间速度响应较大。总体上，交通振动引起的结构振动响应较小，最大速度幅值为 0.046mm/s。

对比发现，总体来看，JT1 工况的地面交通响应结果高于 JT2 工况，JT1 工况可以完全包络两种工况的计算结果。

（2）安全性评估

由各测点时间历程速度曲线得到速度峰值，见表 10.6-10。

通过表 10.6-10 中各测点峰值速度对比可知，地面、台基及木结构各测点在地面交通荷载作用下的峰值速度均小于表 10.6.8 中的速度限值要求。其中，地面最大水平振动速度为 0.016mm/s，远小于 0.15～0.20mm/s 限值，台基顶部最大水平振动速度为 0.046mm/s，小于 0.15mm/s 限值，木结构最大柱顶水平振动速度为 0.134mm/s，小于 0.18mm/s 限值，三者均满足现行国家标准《古建筑防工业振动技术规范》GB/T 50452 及《西安市城市快速轨道交通二号线通过钟楼及城墙文物保护方案》（陕文物字［2006］226 号）的限值要求。

汽车荷载工况下各测点的峰值速度（mm/s）　　　　　　　表 10.6-10

部位	位置	X 方向		Y 方向		垂直方向	
		JT1 工况	JT2 工况	JT1 工况	JT2 工况	JT1 工况	JT2 工况
地面	台基底部	0.014	0.008	0.016	0.010	0.046	0.028
台基	台基顶	0.046	0.028	0.043	0.027		
木结构	老檐柱顶	0.102	0.064	0.118	0.072	—	
	内金柱顶	0.090	0.056	0.134	0.082		

10.6.3　地下轨道交通振动分析

1. 荷载工况

（1）列车模型

运行列车、轨道、路基分析模型，根据以下假定建立：

1）由于运行列车的移动轴重对竖向的作用远大于横向作用，故在计算时仅考虑竖直面内的振动。

2）将钢轨视为连续的 Euler-Bernoulli 梁，即钢轨可简化为：① 钢轨截面尺寸远小于长度方向尺寸且关于 Z 轴对称；② 钢轨运动仅发生于 X-Z 平面内，且 Z 方向位移很小；③ 忽略钢轨剪切变形的影响；④ 钢轨满足平截面假定；⑤ 沿钢轨厚度方向应力假设为零，且横截面上的应力用其组成的广义应力即弯矩和剪力表达。

3）忽略轨枕对钢轨的周期性支撑作用。

4）假定轮轨接触满足 Hertz 接触条件。

5）将地基土假设为 Winkler 弹性地基，路基对钢轨的支撑采用弹簧模拟；将连接弹簧刚度称作路基均布弹簧刚度，包括扣件刚度、轨枕刚度、道床—路基刚度串联在一起的换算刚度。

列车—轨道—路基的解析模型如图 10.6-10 所示。

运行列车通过轨枕将力传给地基，因此，以轨枕为研究对象，钢轨和轨枕通过弹簧连接，其传递到路基上的力就等于轨枕宽度范围内弹簧压缩（拉伸）变形产生的反作用力，即：

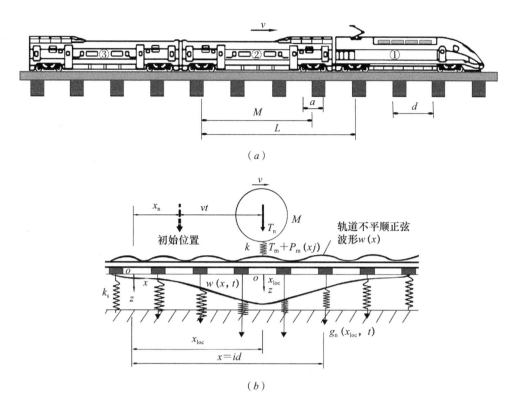

图 10.6-10　列车—轨道—路基解析模型

（a）轨道和列车的几何参数；（b）列车—轨道—路基作用力模型

$$f(t) = k_s \cdot \Delta d \cdot w(x_{loc}) + c \cdot \Delta d \frac{\partial w(x_{loc})}{\partial t} \qquad (10.6\text{-}18)$$

式中　Δd——轨枕的宽度，力的作用点为轨枕正下方。

假设在拟静力和动态轮轨接触力共同作用下，轨道挠曲线有效长度 $x_0^{st} = \pi/\beta$ 范围内的轨枕同时达到最大挠度 w_{1max}^{st}，$w_{1max}^{st} = w_0/b = T_n/8EI\lambda^3\sqrt{1-\alpha^2}$，由于钢轨变形产生的作用只能对车轮下一定范围内的轨枕产生影响，因此将所有受到影响的轨枕称为有效轨枕，其个数用 N_{eff} 来表示，即轨道挠曲线有效长度范围内的轨枕数为 N_{eff}，$N_{eff} = 2x_0^{st}/\pi d$，此时，$\partial w(x_{loc})/\partial t = 0$ 不计阻尼影响，有：

$$k_s w_{1max}^{st} \Delta d N_{eff} = T_n + P_n(t) \qquad (10.6\text{-}19)$$

将式（10.6-19）代入式（10.6-18）有：

$$f(t) = \frac{T_n + P_n(t)}{N_{eff}} \frac{w(x_{loc})}{w_{1max}^{st}} \qquad (10.6\text{-}20)$$

因此，在第 n 个轮对作用下，在 x_{loc} 处，路基所受到的力为：

$$g_n(x_{loc}) = \frac{T_n + P_n(t)}{N_{eff}} \frac{w(x_{loc})}{w_{1max}^{st}} \delta(x - kd) \, \delta(x_{loc} + x_n + vt - x) \qquad (10.6\text{-}21)$$

式中　k——轨枕的编号。

叠加 N 个轮对作用，则可得整列车作用到路基上的力为：

$$F(x, t) = \sum_{n=1}^{N} \delta(x-kd) \, \delta(x-x_{\mathrm{loc}}-x_{\mathrm{n}}-vt) \, g_{\mathrm{n}}(x_{\mathrm{loc}}, t) \qquad (10.6\text{-}22)$$

还原坐标系，可得整列车运行时作用到路基上的力为：

$$F(x, t) = \delta(x-kd) \sum_{n=1}^{N} \frac{T_{\mathrm{n}} + P_{\mathrm{n}}(t)}{N_{\mathrm{eff}}} \frac{w(x-x_{\mathrm{n}}-vt, t)}{w_{\mathrm{1max}}^{\mathrm{st}}} \qquad (10.6\text{-}23)$$

（2）列车荷载及工况

西安地铁二号线列车采用3动3托六辆编组列车，即：$T_{\mathrm{c}} + M_{\mathrm{p}} + M + T + M_{\mathrm{p}} + T_{\mathrm{c}}$，在定员荷载时，拖车轴重均为10.89t，动车轴重为12.56t，轮对质量为1900kg。钢轨采用无缝线路钢轨质量60.64kg/m，弹性模量 $E = 2.1 \times 10^{11} \mathrm{N/m^2}$，截面积 $A = 7.708 \times 10^{-3} \mathrm{m^2}$，惯性矩 $I = 3.203 \times 10^{-5} \mathrm{m^4}$，泊松比 $\lambda = 0.3$，钢轨密度 $\rho = 7.83 \times 10^4 \mathrm{N/m^3}$；路基均布弹簧刚度 k_{s} 是扣件刚度、轨枕刚度和路基与道床串联在一起的等效刚度，本书参照文献《铁路轨道结构数值分析方法》（雷晓燕）一书的计算取为202.46MPa。轮轨接触采用Hertz理论，有如下假定：

1）接触系统是由两个相互接触，但不发生相对刚体运动的物体所组成；

2）接触物体之间发生的是微小变形，接触点的位置可以提前确定；

3）接触物体的应力—应变关系成线性；

4）接触物体表面充分光滑，同时认为轮轨接触弹簧是非线性的。

假设轮轨相互作用为线弹性Hertz接触，根据Hertz公式，轮轨相对竖向位移 δ 为：

$$\delta = \xi \left\{ \frac{1}{4} \left[\frac{3P(1-v)^2}{4E} \right] \right\} \left(\frac{1}{r_{\mathrm{r}} + r_{\mathrm{w}}} \right)^{1/3} \qquad (10.6\text{-}24)$$

式中　E——钢轨的弹性模量；

　　　v——车轮的泊松比；

新轨轨顶圆弧半径 $r_{\mathrm{r}} = 0.3$；

车轮半径 $r_{\mathrm{w}} = 0.45$；

　　　ξ——与 φ 有关的系数，ξ 的取值见表10.6-11。

ξ 的取值　　　　　　　　　　　　　　表10.6-11

φ	30	40	50	60	70	80	90	100
ξ	1.453	1.637	1.772	1.875	1.944	1.985	2.000	1.985

其中：$\varphi = \cos^{-1}[(r_{\mathrm{r}}-r_{\mathrm{w}})/(r_{\mathrm{r}} + r_{\mathrm{w}})]$，经计算，$\xi$ 取为1.978。

对式（10.6-24）求导，可得轮轨接触刚度：

$$k_{\mathrm{H}} = \frac{\mathrm{d}P}{\mathrm{d}\delta} = \frac{3}{2\xi} \left[\left(\frac{4}{3} \cdot \frac{E}{1-v^2} \right)^2 \frac{4r_{\mathrm{w}} r_{\mathrm{r}} P}{r_{\mathrm{w}} + r_{\mathrm{r}}} \right]^{1/3} \qquad (10.6\text{-}25)$$

计算得轮轨接触刚度为 $1.2767 \times 10^9 \text{N/m}^3$。

根据实际测试西安地铁二号线经过钟楼时速为 60km/h，采用 MATLAB 程序将以上参数代入式（10.6-23）生成列车荷载时程曲线，如图 10.6-11 所示。

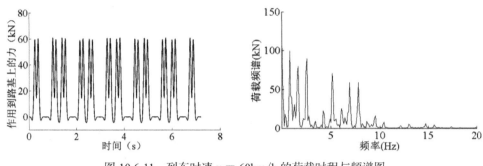

图 10.6-11 列车时速 $v = 60\text{km/h}$ 的荷载时程与频谱图

钟楼为对称结构，计算时考虑两种状况，分别为：

1）单线列车工况（S1 工况），荷载施加在单个隧道，如图 10.6-12（a）所示。

2）双线列车工况（S2 工况），荷载施加在两个隧道（相对而行），如图 10.6-12（b）所示。

计算时，单线列车 S1 工况中列车轨道荷载施加在列车对应的 2 条轨道节点上，节点沿轨道长度方向间距为 2m，共施加 101 对荷载，用于模拟列车从模型隧道一端驶入，经过整个模型后驶出模型。双线 S2 工况中列车荷载中两条轨道上荷载反向对称施加，模拟两列列车相对而行。列车荷载施加时间步长为 0.02s，节点荷载持时为 19.2s。

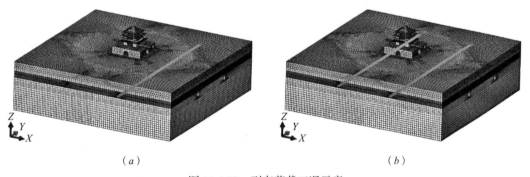

（a） （b）

图 10.6-12 列车荷载工况示意
（a）单线列车 S1 工况；（b）双线列车 S2 工况

2. 计算结果

（1）结构响应

计算采用 ABAQUS 中动力隐式算法 Dynamicimplicit，积分步长采用 0.02s，采用 FullNewton 求解技术进行动力分析计算，2 种工况下台基部分各测点节点速度时程及频谱曲线，如图 10.6-13 所示。

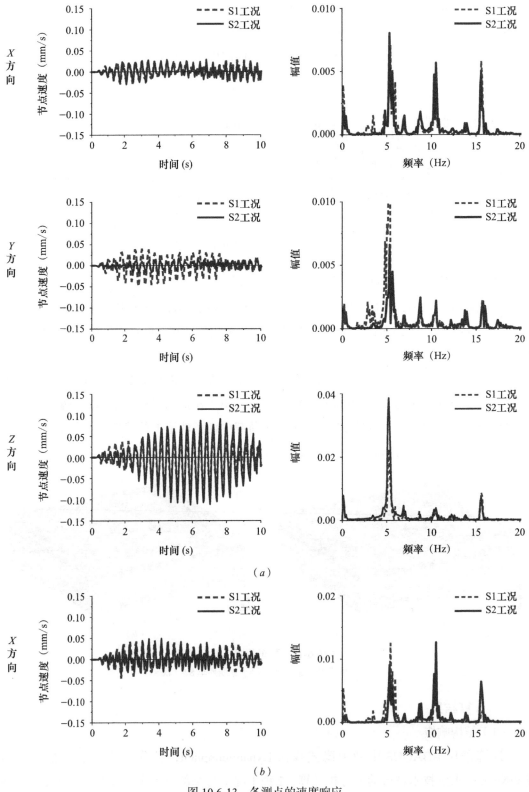

图 10.6-13　各测点的速度响应
（a）地面；（b）台基顶

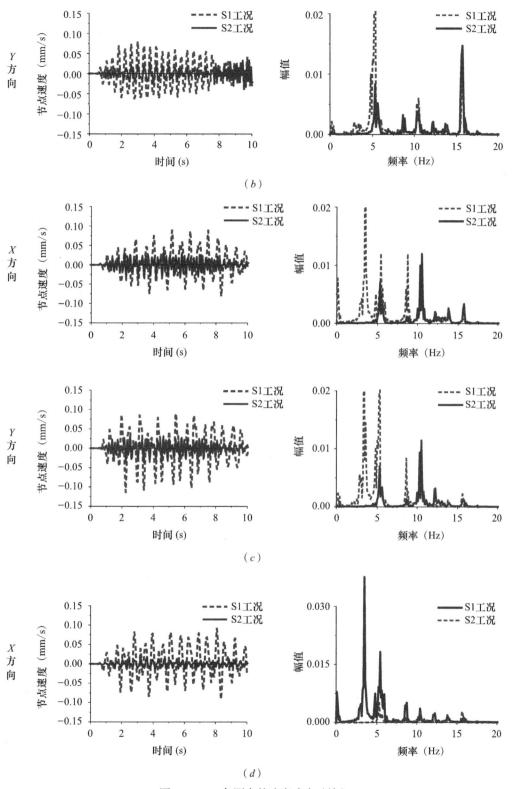

图 10.6-13 各测点的速度响应（续）

（b）台基顶；（c）老檐柱顶；（d）内金柱柱顶

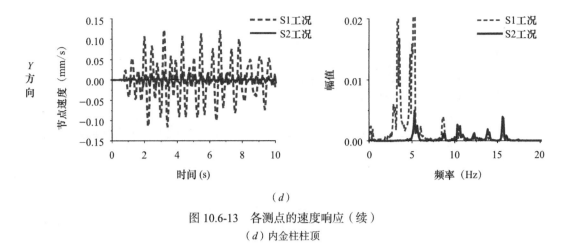

（d）

图 10.6-13　各测点的速度响应（续）

（d）内金柱柱顶

由时程曲线图可以看出，在荷载作用初期 0～1s 内振动较为平缓，随着时间的推移，振动较为明显，且持续时间较长。由频谱曲线图可以看出，各测点 5.0Hz 左右振动幅值响应较大。总体上，地下轨道振动引起的结构振动响应较小，最大速度幅值为 0.125mm/s。

对比发现，总体来看，S1 工况（单线列车工况）的地面轨道交通响应结果高于 S2 工况，S1 工况可以完全包络两种工况的计算结果。

（2）安全性评估

两种地铁激励工况下，各测点的峰值速度见表 10.6-12。

地铁工况下测点峰值速度（mm/s）　　　　　　　　　　表 10.6-12

部位	位置	X方向		Y方向		垂直方向	
		S1 工况	S2 工况	S1 工况	S2 工况	S1 工况	S2 工况
地面	台基底部	0.030	0.029	0.049	0.037	0.073	0.113
台基	台基顶	0.053	0.049	0.090	0.057		
木结构	老檐柱顶	0.088	0.042	0.114	0.039	—	
	内金柱顶	0.091	0.018	0.125	0.028		

通过表 10.6-12 中各测点峰值速度对比可知，地面、台基及木结构各测点在地下轨道交通荷载作用下的峰值速度均小于表 10.6-8 中的速度限值要求。其中，地面最大水平振动速度为 0.073mm/s，小于 0.15～0.20mm/s 限值，台基顶部最大水平振动速度为 0.09mm/s，小于 0.15mm/s 限值，木结构最大柱顶水平振动速度为 0.125mm/s，小于 0.18mm/s 限值，三者均满足现行国家标准《古建筑防工业振动技术规范》GB/T 50452 及《西安市城市快速轨道交通二号线通过钟楼及城墙文物保护方案》（陕文物字［2006］226 号）的限值要求，但通过数据可知，相对地面及台基测点而言，S1 工况下（单线列车工况）的木结构振动响应受地下轨道交通的影响较大。

10.6.4　地面和地下轨道交通耦合振动分析

1. 荷载工况

实际中会考虑地面和地下交通耦合情况，经过 10.6.2 节的分析可知，交通繁忙状态对钟楼的振动速度影响较大，因此在耦合计算时共考虑两种耦合情况见表 10.6-13。耦合工况计算时，列车荷载与 10.6.3 节中保持一致，汽车荷载仍采用 10.6.2 节中式（10.6-16）和式（10.6-17）持时与列车荷载保持一致。

荷载工况　　　　　　　　　　　　　　　表 10.6-13

名称	工况编号	工况组合	工况简述
耦合工况 1	C1	TJ1 + S1	地面交通繁忙+单线地铁
耦合工况 2	C2	TJ1 + S2	地面交通繁忙+双线地铁

2. 计算结果

（1）结构响应

将 10.6.2、10.6.3 节的荷载同时施加进行求解，计算出各测点的速度响应，如图 10.6-14 所示。

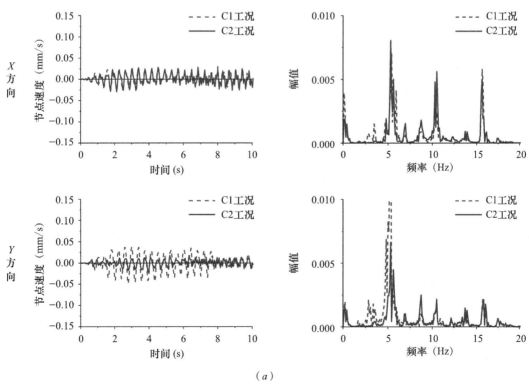

（a）

图 10.6-14　各测点的速度响应
（a）地面

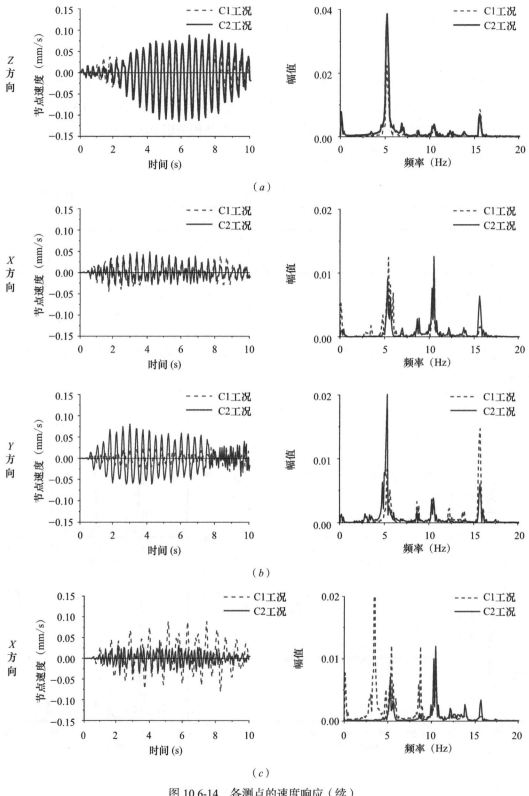

图 10.6-14　各测点的速度响应（续）

（a）地面；（b）台基顶；（c）老檐柱顶

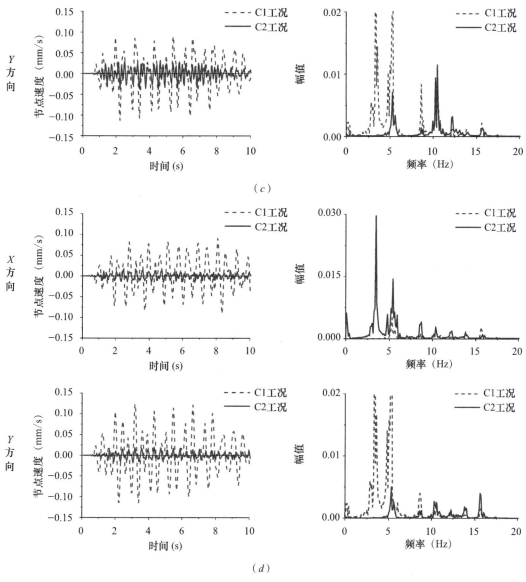

图 10.6-14　各测点的速度响应（续）

（c）老檐柱柱顶；（d）内金柱柱顶

由时程曲线图可以看出，在 0～20s 内振动较为明显，且持续时间较长，在 5s 左右范围内振动响应速度较大。由频谱曲线图可以看出，各测点 5.0Hz 左右振动幅值响应较大。总体上，地下轨道振动引起的结构振动响应较小，最大速度数值为 0.157mm/s。

（2）安全性评估

由各测点时间历程速度曲线得到速度峰值，见表 10.6-14。

通过表 10.6-14 中各测点峰值速度对比可知，地面、台基及木结构各测点在地下轨道交通荷载作用下的峰值速度均小于表 10.6-8 中的速度限值要求。其中，地面最大水平振动速度为 0.0742mm/s，小于 0.15～0.20mm/s 限值，台基顶部最大水平振动速度为 0.09mm/s，小于 0.15mm/s 限值，木结构最大柱顶水平振动速度为 0.157mm/s，小于 0.18mm/s 限值，三者均满足现行国家标准《古建筑防工业振动技术规范》GB/T 50452 及《西安市城市快速轨道交通二号线通过钟楼及城墙文物保护方案》（陕文物字〔2006〕226 号）的限值要求，但通过数据可知，相对地面及台基测点而言，C1 工况下（地面交通繁忙＋单线地铁）的木结构振动响应受地下轨道交通的影响较大。

耦合工况下各测点峰值速度（mm/s）　　　　　　　　表 10.6-14

部位	位置	X 方向		Y 方向		垂直方向	
		C1 工况	C2 工况	C1 工况	C2 工况	C1 工况	C2 工况
地面	台基底部	0.0302	0.0296	0.0489	0.0373	0.0742	0.115
台基	台基顶	0.0532	0.0492	0.0900	0.0570	—	
木结构	老檐柱顶	0.0884	0.0415	0.1430	0.0393		
	内金柱顶	0.0909	0.0177	0.1570	0.0284		

第11章 研究结论和建议

11.1 研究结论

依据之前章节，经对西安钟楼台基及木结构的变形、承载力及振动响应等综合分析后，得出如下结论：

（1）西安钟楼台基东、西、南、北侧墙体砌筑砂浆强度值分别为11.0MPa、10.7MPa、12.1MPa、11.8MPa，西安钟楼台基砌筑砂浆强度的均值为11.4MPa；西安钟楼台基东、西、南、北侧外墙砖抗压强度推定等级为MU10。

（2）在2022年3月1日～2022年7月1日监测周期内，对西安钟楼台基倾斜进行监测可知，西安钟楼台基西侧、南侧外倾变形较小，且无明显同向性变化规律，均处于稳定状态，台基东侧QJ62X、QJ63X测点外倾累计变形量有增加趋势，QJ62X测点最大累计变形量为0.04°（5.03mm），折算后平均累计变形速率为0.04mm/d，QJ63X测点最大累计变形量为0.08°（10.05mm），折算后平均累计变形速率为0.08mm/d，综合倾斜累计变形量较小，建议持续观测。

（3）在2021年7月26日～2022年4月17日对西安钟楼台基进行沉降观测，西安钟楼台基在265d内的最大累计沉降量为0.80mm（CJ1-2），该测点位于钟楼台基南侧，沉降速率为0.00302mm/d；钟楼台基CJ1-2和CJ1-4观测点的沉降速率分别为0.00302mm/d和0.00234mm/d，略大于其余各测点的沉降速率，测点均位于钟楼台基南侧附近，但钟楼台基各测点沉降速率均远远小于现行行业标准《建筑变形测量规范》JGJ 8中沉降速率不得高于0.01～0.04mm/d的规定。由不同轴线沉降观测对比曲线结果可得出，南侧台基测点累计沉降量偏大，但各轴线沉降变形情况不完全同步，各轴线沉降变形无明显一致性变形情况发生，说明西安钟楼台基在结构本体及上部自重、行人荷载、地面交通振动、台基包砌土含水率影响等荷载和长期作用下的沉降量处于平稳状态，地基土变形均匀、稳定。

（4）在地铁、交通荷载激励下，钟楼木结构最大速度幅值为0.13mm/s，为水平东西向振动，位于上一横梁，小于现行国家标准《古建筑防工业振动技术规范》GB/T 50452第3.2.2条中0.18mm/s的限值要求。在地铁、交通、人群荷载激励下，钟楼木结构最大速度幅值为0.2mm/s，为水平东西向振动，位于上三横梁，大于现行国家标准《古建筑防工业振动技术规范》GB/T 50452 第 3.2.2 条中 0.18mm/s 的限值要求。在荷载激励下,钟楼台基水平最大振动幅值在地铁双离站工况下产生,值为 0.09mm/s,小于现行国家标准《古建筑防工业振动技术规范》GB/T 50452 第 3.2.1 条中 0.15mm/s 的限值要求。

(5)通过三维激光扫描分析西安钟楼木结构倾斜偏移数据可知,副阶檐柱普遍朝西侧倾斜,柱头至柱脚最大倾斜偏移量 69.66mm,为 C1W6(即东南角副阶檐柱),其中 C1W20 出现外倾现象,方向西北侧,倾斜偏移量 44.70mm;老檐柱普遍朝西侧倾斜,柱头至柱脚最大倾斜偏移量 94.49mm,为 C1Z10(即西北角老檐柱),其中 C1Z1、C1Z3、C1Z4、C1Z9、C1Z10、C1Z12 出现外倾现象,最大倾斜偏移量 94.49mm;内金柱普遍朝西侧倾斜,柱头至柱脚最大倾斜偏移量 151.90mm,为 C1N3(即东北角内金柱),除 C1N3 外,其余三根内金柱均出现外倾现象,方向西侧,最大倾斜偏移量 148.55mm。

(6)通过三维激光扫描分析西安钟楼木结构垂直偏移数据可知,副阶檐柱垂直方向出现西低东高现象,以 C1W1(西南角副阶檐柱)为参考,最大垂直偏移量 60mm,为 C1W11(东北角副阶檐柱),其中西侧副阶檐柱出现下沉现象,最大偏移量 -30mm;老檐柱垂直方向出现西低东高现象,以 C1Z1(西南角老檐柱)为参考,最大垂直偏移量 60mm,为 C1Z4(东南角老檐柱),其中西侧檐柱出现下沉现象,最大偏移量 -70mm,为 C1Z12(西南角老檐柱);内金柱柱脚区域平稳,以 C1N1(西南角内金柱)为参考,柱头受倾斜偏移量与角度影响,向西侧偏移。

(7)由综合柱网倾斜偏移与垂直偏移数据分析可知,西安钟楼本体向西侧倾斜,底部垂直偏移 70~80mm,顶部倾斜偏移不小于金柱最大倾斜偏移量 151.9mm。

(8)在 2021 年 7 月 26 日~2022 年 4 月 17 日对西安钟楼承重木结构进行沉降观测,西安钟楼承重木构架在 265d 内的最大累计沉降量为 0.73mm(CJ2-13),该测点位于钟楼本体西南角附近,沉降速率为 0.00275mm/d;钟楼本体 CJ2-4、CJ2-5 和 CJ2-13、CJ2-14、CJ2-15 观测点的沉降速率分别为 0.00234mm/d、0.00242mm/d 和 0.00275mm/d、0.00196mm/d、0.00245mm/d,大于其余各测点的沉降速率,测点分别位于钟楼本体东北角和西南角附近,但钟楼承重木结构各测点沉降速率均远远小于现行行业标准《建筑变形测量规范》JGJ 8 中沉降速率不得高于 0.01~0.04mm/d 的规定;由不同轴线沉降观测对比曲线结果可得出,各轴线沉降变形情况不完全同步,各轴线沉降变形无明显一致性变形情况发生,说明西安钟楼承重木结构在结构本体及上部自重、行人荷载、地面交通振动、台基包砌土含水率影响等荷载和长期作用下的沉降量处于平稳状态,地基土变形均匀、稳定。

(9)在 2021 年 7 月 14 日~2022 年 3 月 15 日观测期间内,受监测一层檐柱 X 向(东西)累积倾斜变形较小,且无明显同向性变化规律,均处于稳定状态。在 244d 的观测期间内,受监测一层檐柱 Y 向(南北)累积倾斜变形较小,且无明显同向性变化规律,均处于稳定状态;在 244d 的观测期间内,二层檐柱 X 向累积倾斜变形较小,且无明显同向性变化规律，均处于稳定状态；二层檐柱 Y 向累积倾斜变形较小，且无明显同向性变化规律，均处于稳定状态。

（10）在 2021 年 7 月 14 日～2022 年 3 月 15 日观测期间内，受监测一层、二层檐柱的倾斜峰值响应时刻无一致性规律，且多数受监测檐柱水平变形量对地面交通流量相对较大的时刻（早 7：30～8：30，下午 17：30～19：30）敏感性较差，说明地面交通流量与檐柱的位移响应呈非相关关系；多数受监测檐柱倾斜值均在某一时刻出现跳跃式突变，且出现时刻无规律，综合各曲线图分析，这与周围环境主振动频率与该檐柱节点的振动频率接近有关，使得檐柱产生共振，建议后续应加强对车流量、车速、行人荷载、风荷载等关键因素与檐柱倾斜或振动频率的关系继续观测研究。

（11）通过对同一轴线一层、二层代表性檐柱在 3 个不同日期相同时刻的倾斜变形变化分析可得，同一轴线代表性檐柱每一监测日相同时刻的倾斜变化量均不同步，呈现非同时同向变形的规律，说明西安钟楼承重木结构整体性变形控制较好，各檐柱倾斜变形呈现独立性和不协同性。

（12）通过对同一轴线一层代表性檐柱、二层代表性檐柱在 2 个监测日不同时刻的倾斜变形变化分析可得，同一轴线代表性檐柱同一监测日 24h 内不同时刻的倾斜变化量均不同步，呈现非同时同向变形的规律，同轴线各受监测檐柱因节点刚度不同对外界环境及各种耦合激励的响应情况不同，倾斜峰值响应时刻无一致性规律，建议后续应加强对车流量、车速、行人荷载、风荷载等关键因素与檐柱倾斜或振动频率的关系继续观测研究。

（13）正常使用荷载工况下，钟楼的整体变形对称均匀，恒荷载引起的变形效应大于活荷载。台基中由于存在填土（弹性模量低于砌体）的原因，上部结构的角部在正常使用荷载作用下的变形较大。

（14）正常使用荷载工况下，仅恒荷载作用时，台基中夯土部分最大主应力为 0.03MPa，发生在台基侧壁；最小主应力为 −0.15MPa，发生在台基底部。台基中砌体部分最大主应力（拉应力）为 0.20MPa，发生在墙体转角连接处；最小主应力（压应力）为 −1.0MPa，发生在外圈墙体底部。上部结构为木结构，最大主应力为 9.1MPa，最小主应力为 −7.8MPa。

（15）正常使用荷载工况下，仅活荷载作用时，台基中夯土部分最大主应力为 0.015MPa，发生在台基侧壁；最小主应力为 −0.07MPa，发生在台基底部。台基中砌体部分最大主应力（拉应力）为 0.10MPa，发生在墙体转角连接处；最小主应力（压应力）为 −0.5MPa，发生在外圈墙体底部。上部结构为木结构，最大主应力为 2.45MPa，最小主应力为 −2.1MPa。

（16）正常使用荷载工况下，恒、活荷载标准组合作用时，台基中夯土部分最大主应力为 0.05MPa，发生在台基侧壁；最小主应力为 −0.2MPa，发生在台基底部。台基中砌体部分最大主应力（拉应力）为 0.10MPa，发生在墙体转角连接处；最小主应力（压应力）

为 −0.5MPa，发生在外圈墙体底部。上部结构为木结构，最大主应力为 10.5MPa，最小主应力为 −9.5MPa。

（17）风荷载作用工况下，0°方向和 45°方向变形基本一致，这是因为结构在两个水平方向上刚度一致。风荷载作用下台基部分在风荷载作用下变形非常小可以忽略不计。在风荷载作用下，一层木结构由于填充墙的刚度较大，一层的层间变形远小于二层的层间变形，二层在 100 年风压作用下最大层间位移角为 1/583rad。

（18）仅在风荷载作用工况下，50 年风压工况下木结构部分最大应力为 2.45MPa，最小应力为 −2.10MPa。100 年风压工况下木结构部分最大应力为 3.15MPa，最小应力为 −2.70MPa，可认为风荷载作用下西安钟楼木结构部分应力水平较低。

（19）在恒、活荷载及风荷载标准组合工况下，50 年风压工况下木结构部分最大应力为 11.17MPa，最小应力为 −9.41MPa。100 年风压工况下木结构部分最大应力为 11.61MPa，最小应力为 −9.60MPa，风荷载作用对西安钟楼木结构部分应力影响较低。

（20）竖向地震作用下，结构的变形较小，位移较大处发生在大屋盖底部的跨中位置，塔尖的竖向位移多遇地震下为 1.09mm，罕遇地震下为 6.18mm，结构竖向位移较小，说明竖向地震对西安钟楼结构影响较小。

（21）水平地震作用下台基的层间位移较小。罕遇地震下木结构部分最大层间位移角发生在二层，多遇地震下层间位移角最大值为 1/394rad，满足 1/250rad 的位移角要求。罕遇地震下层间位移角最大值为 1/70rad，能够满足现行国家标准《古建筑木结构维护与加固技术标准》GB/T 50165 中对古建筑木结构罕遇地震 1/30rad 的限值要求。

（22）仅在地震作用工况下，水平方向地震主要对一层梁结构应力影响较大。其中多遇地震工况下木结构部分最大应力为 4.85MPa，罕遇地震工况下木结构部分最大应力为 14.35MPa。竖向地震作用主要对大屋盖部分的梁影响较大，多遇地震工况下木结构部分最大应力为 3.92MPa，罕遇地震工况下木结构部分最大应力为 9.60MPa。

（23）在考虑重力荷载代表值与单向水平地震组合工况下，多遇地震下木结构最大应力为 12MPa，罕遇地震下竖向构件最大应力为 18.5MPa，发生在梁柱节点位置，罕遇地震作用下木结构最大应力为 25MPa，应力较大区域在屋盖位置。在考虑重力荷载代表值与三个方向水平地震组合工况下，多遇地震下木结构最大应力 18.0MPa。罕遇地震下竖向构件最大应力为 23.8MPa，发生在梁柱节点位置；罕遇地震作用下木结构最大应力为 40.0MPa，应力较大区域在屋盖及一、二层枋位置处。

（24）通过分析对比各测点峰值速度曲线可知，地面、台基及木结构各测点在地面交通荷载作用下的峰值速度均远小于速度限值要求。其中，地面最大水平振动速度为 0.016mm/s，远小于 0.15～0.20mm/s 限值，台基顶部最大水平振动速度为 0.046mm/s，小于 0.15mm/s 限值，木结构最大柱顶水平振动速度为 0.134mm/s，小于 0.18mm/s 限值，三者均满足现行国家标准《古建筑防工业振动技术规范》GB/T 50452 及《西安市城市快速轨道交通二号线通过钟楼及城墙文物保护方案》（陕文物字〔2006〕226 号）的限值要求。

（25）通过分析对比各测点峰值速度曲线可知，地面、台基及木结构各测点在地下轨道交通荷载作用下的峰值速度均小于速度限值要求。其中，地面最大水平振动速度为 0.049mm/s，小于 0.15～0.20mm/s 限值，台基顶部最大水平振动速度为 0.09mm/s，小于 0.15mm/s 限值，木结构最大柱顶水平振动速度为 0.125mm/s，小于 0.18mm/s 限值，三者均满足现行国家标准《古建筑防工业振动技术规范》GB/T 50452 及《西安市城市快速轨道交通二号线通过钟楼及城墙文物保护方案》（陕文物字〔2006〕226 号）的限值要求，但通过数据可知，相对地面及台基测点而言，S1 工况下（单线列车工况）的木结构振动响应受地下轨道交通的影响较大。

（26）地面、台基及木结构各测点在地下轨道交通荷载作用下的峰值速度均小于速度限值要求。其中，地面最大水平振动速度为 0.049mm/s，小于 0.15～0.20mm/s 限值，台基顶部最大水平振动速度为 0.09mm/s，小于 0.15mm/s 限值，木结构最大柱顶水平振动速度为 0.125mm/s，小于 0.18mm/s 限值，三者均满足现行国家标准《古建筑防工业振动技术规范》GB/T 50452 及《西安市城市快速轨道交通二号线通过钟楼及城墙文物保护方案》（陕文物字〔2006〕226 号）的限值要求，但通过数据可知，相对地面及台基测点而言，C1 工况下（地面交通繁忙＋单线地铁）的木结构振动响应受地下轨道交通的影响较大。

11.2 建议

经对西安钟楼台基及木结构的变形、承载力及振动响应分析结果，建议对西安钟楼采取以下技术措施：

（1）建议对钟楼台基倾斜状态进行持续监测，其中对东侧台基进行定期排查，必要时加密监测。

（2）建议对钟楼台基及承重木结构的沉降变形进行持续观测，其中对西安钟楼南侧台基，西南角和东北角承重木结构进行定期排查，必要时采取加密监测。

（3）建议对钟楼各层檐柱进行持续观测，必要时加强对车流量、车速、行人荷载、风荷载等关键因素与檐柱倾斜或振动频率的关系进行持续观测研究。

（4）建议对钟楼木结构在地铁、交通、人群荷载激励下的振动响应进行专项研究，进一步评估地铁、交通、人群荷载激励下振动响应对木结构的影响。

（5）建议制定合理的振动测试及监测方案，评估地铁二号线和六号线双线通行下钟楼本体的结构安全，针对数据分析结果提出必要的保护措施。

参 考 文 献

［1］俞茂宏. 西安古城墙和钟鼓楼：历史、艺术和科学［M］. 西安：西安交通大学出版社，2011.

［2］黄思达. 西安钟楼营造做法研究［D］. 西安：西安建筑科技大学，2016.

［3］李晓华，张茹. 激光扫描技术在中国古代建筑精细测绘中的应用——以西安钟楼三维建模及精细测绘项目为例［J］. 北京测绘，2021，35（05）：678-683.

［4］郑建国，徐建，钱春宇，等. 古建筑抗震与振动控制若干关键技术研究［J］. 土木工程学报，2023，56（01）：1-17.

［5］中华人民共和国住房和城乡建设部. 贯入法检测砌筑砂浆抗压强度技术规程 JGJ/T 136—2017［S］. 北京：中国建筑工业出版社，2017.

［6］中华人民共和国住房和城乡建设部. 砌体工程现场检测技术标准 GB/T 50315—2011［S］. 北京：中国计划出版社，2011.

［7］国家测绘地理信息局. 地面三维激光扫描作业技术规程 CH/Z 3017—2015［S］. 北京：中国测绘出版社，2015.

［8］中华人民共和国住房和城乡建设部. 建筑变形测量规范 JGJ 8—2016［S］. 北京：中国建筑工业出版社，2016.

［9］中华人民共和国住房和城乡建设部. 建筑结构检测技术标准 GB/T 50344—2019［S］. 北京：中国建筑工业出版社，2019.

［10］陆秋海，李德葆. 工程振动试验分析［M］. 北京：清华大学出版社，2015.

［11］刘习军，张素侠. 工程振动测试技术［M］. 北京：机械工业出版社，2016.

［12］刘晶波，杜修力. 结构动力学［M］. 北京：机械工业出版社，2005.

［13］王真，程远胜. 基于反馈控制结构动力特性的损伤统计识别方法［J］. 工程力学，2008，25（1）：116-121.

［14］文立华，王尚文. 一种建立古旧建筑物动力分析模型的方法［J］. 建筑结构，1998，28（5）：52-55.

［15］袁建力，樊华，陈汉斌，等. 虎丘塔动力特性的试验研究［J］. 工程力学，2005，22（5）：158-164.

［16］陈太聪，邓晖，罗小虎. 金鳌洲塔动力测试与特性的研究［J］. 振动与冲击，2010，04：193-196＋240.

［17］范岩旻，李森曦，彭冬，等. 古塔结构整体性损伤检测的微动测试技术应用研究［J］. 应用力学学

报，2016，33（1）：61-66.

［18］胡聿贤. 地震工程学（第二版）［M］. 北京：地震出版社，2006.

［19］杨秋伟，刘济科. 工程结构损伤识别的柔度方法研究进展［J］. 振动与冲击，2011，30（12）：147-153.

［20］卢俊龙，司建辉，田鹏刚，等. 兴教寺基师塔动力特性测试分析［J］. 建筑结构，2017，47（21）：105-108.

［21］徐建. 建筑振动工程手册［M］. 北京：中国建筑工业出版社，2016.

［22］中华人民共和国住房和城乡建设部. 古建筑防工业振动技术规范：GB/T 50452—2008［S］. 北京：中国建筑工业出版社，2008.

［23］中华人民共和国住房和城乡建设部. 木结构设计标准：GB 50005—2017［S］. 北京：中国建筑工业出版社，2017.

［24］中华人民共和国住房和城乡建设部. 古建筑木结构维护与加固技术标准：GB/T 50165—2020［S］. 北京：中国建筑工业出版社，2020.

［25］中华人民共和国住房和城乡建设部. 工程测量标准：GB 50026—2020［S］. 北京：中国计划出版社，2021.

［26］中华人民共和国住房和城乡建设部. 建筑地基基础设计规范：GB 50007—2011［S］. 北京：中国计划出版社，2012.

［27］中华人民共和国住房和城乡建设部. 工程结构通用规范：GB 55001—2021［S］. 北京：中国建筑工业出版社，2021.

［28］中华人民共和国住房和城乡建设部. 建筑抗震试验规程：JGJ/T 101—2015［S］. 北京：中国建筑工业出版社，2015.

［29］赵均海，俞茂宏，杨松岩，等. 中国古代木结构有限元动力分析［J］. 土木工程学报，2000，33（1）：32-35.

［30］中华人民共和国住房和城乡建设部. 建筑工程容许振动标准：GB 50868—2013［S］. 北京：中国计划出版社，2013.

［31］中华人民共和国住房和城乡建设部. 工程振动术语和符号标准：GB/T 51306—2018［S］. 北京：中国建筑工业出版社，2018.

［32］中华人民共和国住房和城乡建设部. 建筑结构荷载规范：GB 50009—2012［S］. 北京：中国建筑工业出版社，2012.

［33］中华人民共和国住房和城乡建设部. 建筑抗震设计规范（2015年版）：GB 50010—2010［S］. 北京：中国建筑工业出版社，2016.

［34］北京筑信达工程咨询有限公司. SAP2000技术指南及工程应用［M］. 北京：人民交通出版社股份有限公司，2018.

［35］张鹏程. 中国古代木构建筑结构及其抗震发展研究［D］. 西安：西安建筑科技大学，2003.

［36］孟昭博. 西安钟楼的交通振动响应分析及评估［D］. 西安：西安建筑科技大学，2009.

［37］梁志闯. 交通随机荷载作用下西安城墙结构动力响应分析［D］. 西安：西安建筑科技大学，2013.

［38］隋龚. 中国古代木构耗能减震机理与动力特性分析［D］. 西安：西安建筑科技大学，2009.

［39］陈瑞春. 西安地铁列车振动对钟楼影响的研究［D］. 北京：北京交通大学，2008.

［40］雷晓燕. 铁路轨道结构数值分析方法［M］. 北京：中国铁道出版社，1998.